U0051344

Maker Tools 首部曲

創意
工具箱

推薦文

隨著教育思潮的演進，強調「動手做」的創客（Maker）課程已經成為當代創新教育的新顯學，而其創新與發明的基礎在「STEAM」，也就是科學 (Science)、科技 (Technology)、工程 (Engineering)、藝術 (Art) 及數學 (Mathematics) 的結合。

生活裡許多方便省力的產品，這些產品除了仰賴自身的創意，還需要對基礎工具與科學原理有所認識理解，才能找到製作方向，將創意化為實際作品。然而，工具的認識和科學原理的理解，並非靠一己之力可成，若有專人或實用書籍的引領，將有助於啟發及培養孩子的創客精神及興趣。

《Maker Tools 首部曲：創意工具箱》是一本介紹家中常見基礎工具的兒少工具使用指南，這本書從生活視角出發，仔細介紹每一種工具的使用方法，以及針對使用上可能會出現的疑難與狀況進行解答。同時，融入了近年來備受重視的「STEAM」（科學、科技、工程、藝術、數學），對每項工具進行科學原理分析，以淺顯易懂的文字進行科學概念說明，並在每一章節最後提供簡單任務嘗試，讓家長或師長們帶領孩子一步一步活用工具，創作作品。全書內容生動活潑且排版色彩繽紛，讀來趣味盎然。

我很期待透過書中仔細介紹每一樣工具的使用，能點燃更多莘莘學子心中的手作熱情，讓創意不只留在腦內，透過工具以及科學原理的活用，將它們一步步化為具象；也希望父母和師長能陪伴孩子們一同閱讀與使用本書，讓孩子們了解工具並不代表危險，善用它們便能打造腦中的夢想，讓孩子的學習能量再升級，更讓源源不絕的創意成為驅動未來競爭力的核心！

教育部常務次長

林騰蛟

推薦文

相信每個孩子們對於生活周遭的組裝家具都產生過喜愛與好奇，大小不一的木片、層板、釘子和工具，竟能組裝出實用的衣櫃或書桌。他們會好奇地提出「這些工具為什麼這樣使用」的好問題，這就是他們渴求新知的智慧火花。若能細心地教育栽培，這些小小的熱火就可以推動孩子們繼續深入探索，活用腦內知識，打造出屬於他們的作品。

教育除了透過老師與家長外，書本也是幫助孩子增進能力的絕佳良伴。英國哲學家法蘭西斯 · 培根講過一句很著名的名言：「知識就是力量」。一本好的書籍，能將經驗與技巧知識統整完畢後，以淺顯易懂的文句記錄下來，傳承給讀者們使用，賦予他們力量。

《Maker Tools 首部曲：創意工具箱》便是一本實用的工具書，內容共分十章，介紹家裡常見的工具：尖嘴鉗、螺絲起子、熱熔膠槍、鐵鎚、美工刀等等，這些我們或許能說得出名字，可對如何使用卻只有模糊概念。若是孩子因為對工具不夠熟悉，產生挫折甚至放棄動手製作物品的話，我會感到非常可惜與嘆惋，因此我非常開心有這樣一本實用的工具書問世。同時，這本書也結合了 STEAM 的概念，對每項工具都進行了科學原理分析，引導讀者從「觀察」入門，「思考」原理，「動手」實作，內容設計由淺入深，循序漸進，相信孩子們對手作的熱情，一定能被鼓舞與啟發。

誠摯向大家推薦這樣的好書，也希望父母和師長能陪伴孩子們一同善用本書，讓孩子們進入工具的世界，將腦內埋藏的創意點子，透過對工具的認識和活用，一步步實現，成長茁壯。

新北市政府教育局局長

張明文

導讀

STEAM 教育是當代教育的潮流與趨勢，就其學習內容而言，目前社會大眾共識可以略分為科技教育與資訊教育兩部分，前者主要為工藝創客相關內容；後者則為電路與感測器相關應用。多以動手實作為主要實施模式，透過孩童體驗實作過程、實作問題解決等形式，以形成更高層次的 STEAM 跨領域知識。STEAM 實作專題領域相當多元（如：機器人、自走車等），但海內外 STEAM 教育學者普遍認同手工具使用是 STEAM 教育之基礎，熟悉基本手工具加工，能夠讓孩童了解加工程序、簡單機械工程設計，並體驗傳統工藝之美。

市面上工藝與 STEAM 教材繁多，有別坊間相關文本，本書以基本工具為主題，章節安排有手工具外觀、安全規則、工具選用、使用步驟、工具的 STEAM 原理分析，依序進行系統性介紹。第一章提供孩童工具箱基礎的工具選用建議，簡要提點實作成品設計，後面章節安排則規劃有：第二章尺規製圖工具、第三章美工刀、第四章手工線鋸、第五章砂紙、第六章手搖鑽、第七章尖嘴鉗與斜口鉗、第八章螺絲起子、第九章鐵鎚及第十章熱熔膠槍。部分較為複雜概念，規劃有探究式學習動畫影片，協助孩童學習重要 STEAM 與操作知識，將各項手工具操作性知識植基於孩童心中。每個單元後方的動手實作小專題，可以讓孩童在實作過程中，回憶前面讀過的 STEAM 知識點。具體而言，本書編寫方式、用字遣詞與圖片美工，是基於認知鷹架與探究學習形式編寫而成，適合孩童自主學習、親子共讀、或是讓 STEAM 教師進行動手做 STEAM 教學、創客營隊之參考。

國立臺灣師範大學
學習科學跨國頂尖研究中心教授 **洪榮昭**

國立臺灣師範大學
科技應用與人力資源發展學系助理教授 **蔡其瑞**

編輯的話

「工欲善其事，必先利其器」不管做什麼事都必須將所需工具準備好，確保工具精良無損，才能達到事半功倍的效果。

像是為了考取好成績，學生必須每日接收新的知識，並複習以前所學的內容，將其吸收、內化來豐富自己的知識儲備量，在考場時才能無往不利。

當我們要製作或拆解一件物品時，一定會使用到工具，相同功能的工具又有分許多種類，因此擇優而選是很重要。比如當你要拆開包裹的時候，你會使用美工刀或剪刀，但不會使用指甲剪，因為就算指甲剪與剪刀一樣具有剪裁功能，但它們的目標對象是不同的。

如果身邊沒有剪刀和美工刀，又能使用什麼工具打開包裹呢？可以思考有什麼東西前端是尖銳可以割破膠帶？比如筆刀、鑰匙和原子筆等，使用它們尖銳的部分或許就能打開包裹。

我們需要了解所使用工具的功能、熟悉它的操作並注意它的安全規範。同時思考，如果手邊沒有最適合的工具，那我可以運用哪些工具代替它。

一、什麼是工具

工具是人類為了更快捷、省力達到目的所發明的各種器具。現代工具有機械性也具備智能性，例如手機就是屬於智能性的工具。舉凡書寫工具，筆、橡皮擦、圓規；手工具，螺絲起子、剪刀、鉗子；食炊具，筷子、湯匙、鍋等，都是日常會用到的器具，端看我們的目的是什麼，方能選擇適合的工具使用。

二、工具的日常作用與替代工具

當人們碰到靠雙手無法解決的事情時，就會需要使用工具，而選擇適當的工具能使我們的效率提升，成果會更佳完美。

日常生活中如果要查找一個地點的路線，GPS 導航程式和紙本地圖就是我們的工具，但 GPS 導航又會比紙本地圖更加快速定位地點和選擇最佳路線；如果要照亮黑暗的小路，手電筒就是你的不二選擇，因為它照亮範圍廣。如果身上只有打火機或是手機內建的手電筒也可以替代使用，但照亮的範圍就會受限。

三、工具與材料

我們也需要觀察材料適合哪些工具操作，比如在木材上做記號時，會選擇容易擦拭的鉛筆或是劃記明顯的馬克筆；切割木材會選擇鋸子；在木材上打孔洞時，會選擇鑽孔工具；組裝木材時，會使用螺帽、螺絲釘和螺絲起子；使用正確的工具能讓木材組裝的速度更迅速，且成品會展現的更完美。

假如組裝木材時因為沒有螺絲起子，選擇徒手轉緊螺絲釘的話，組裝時間會拉長，也可能導致成品不穩固。錯誤的工具選擇，也會導致工具或材料的損壞，比如用手搖鑽在鐵塊鑽洞，因為力度和鑽頭不適合，強硬使用下，會導致鑽頭的磨損，所以當知道自己會使用什麼材料時，工具的選擇和準備十分重要。

四、工具的功能與安全守則

每件工具都有它的功能、使用規範和安全守則。以剪刀為例，它的功能主要是剪裁與切割，兩片刀片合併時是進行剪裁，而只使用單一刀片可以進行切割，部份多功能剪刀還有開瓶器、核桃鉗（專門開核桃）等功能；除了一般常見的剪刀外，也有為了方便剪骨頭和食材的廚房用剪刀，使用者可以依照自己的需求來選擇不同功能的剪刀。

剪刀刀片的銳利雖具有方便裁剪的功能，但也伴隨著使用上的危險。剪刀的安全守則，一是避免將皮膚直接面對刀鋒部位，以免劃傷；二是在傳遞剪刀時，要以「剪刀尖頭朝向自己、握柄朝向對方」的方式遞出，這可避免不小心刺傷別人。

了解工具的功能與安全守則，是為了保護自己也是保護周遭的人和工作環境，切勿拿工具與人玩耍或錯誤地使用工具，導致工具損壞或人員傷害。

使用工具時，都會經歷一個學習的過程，學習用筷子夾取食物、學習用筆寫出文字、學習剪刀的使用和安全規範，本書的內容即是介紹工具，傳遞正確的使用觀念，讓孩子們能了解工具和規避工具存在的危險，安全、順利地完成作品！

CHAPTER 1

我的創意工具箱

本書內容有工具的詳細介紹、以STEAM角度分析工具、介紹工具的安全規則與操作教學，加上工具相關的趣味題目與實作，讓讀者可以深入的了解工具的功能與使用。「工欲善其事，必先利其器」，熟悉手中的工具後，我們就能在操作過程中事半功倍，不會因為操作不當而手忙腳亂，拖慢工作進度。

螺絲起子 P.082

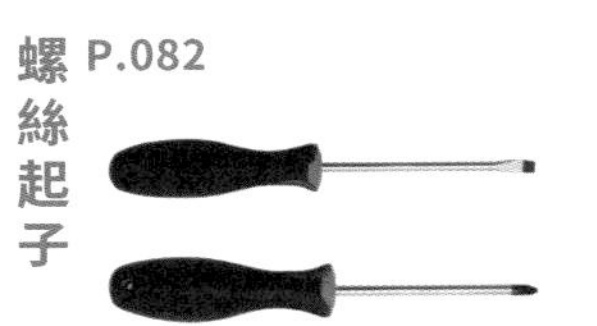

用來固定物件。不同螺絲頭規格使用對應的螺絲起子。

手搖鑽 P.060

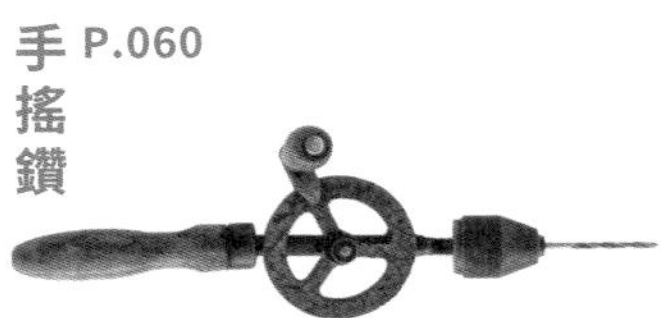

配合不同的鑽頭，能在材料上鑽出不一樣孔洞。

手工線鋸 P.038

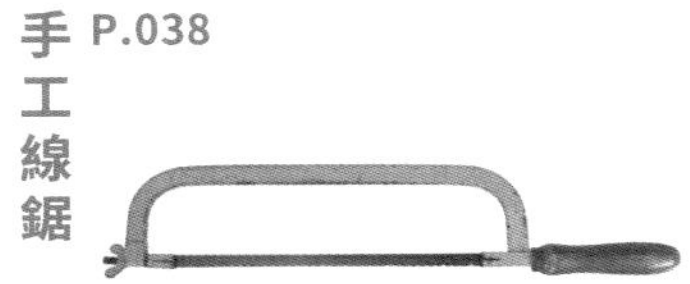

可以將物件切割出適宜的大小和形狀。

鉛筆、圓規、橡皮擦 P.014

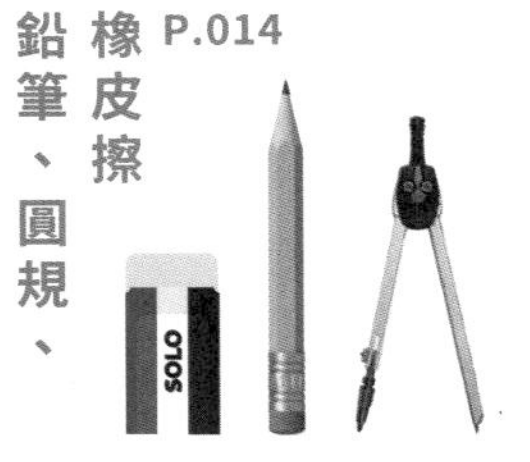

用來繪製設計圖和在材料上做標記。

鐵鎚 P.094

可以矯正物體位置或緊固物件，能配合釘子使用。

美工刀 P.028

用來切割薄的材料，比如紙、保特瓶。

熱熔膠槍 P.104

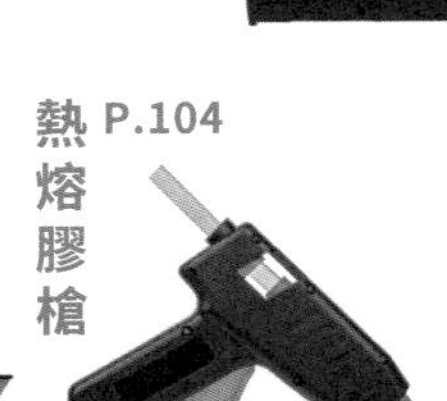

用來黏接材料，配合膠條使用。

砂紙 P.050

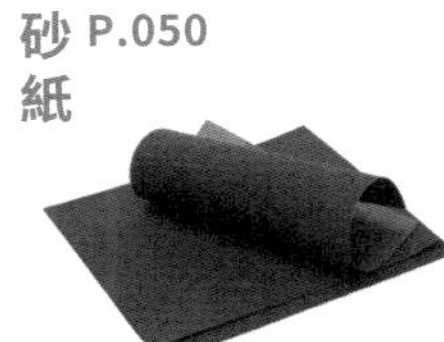

研磨材料使用，將材料表面磨得光滑。

斜口鉗和尖嘴鉗 P.072

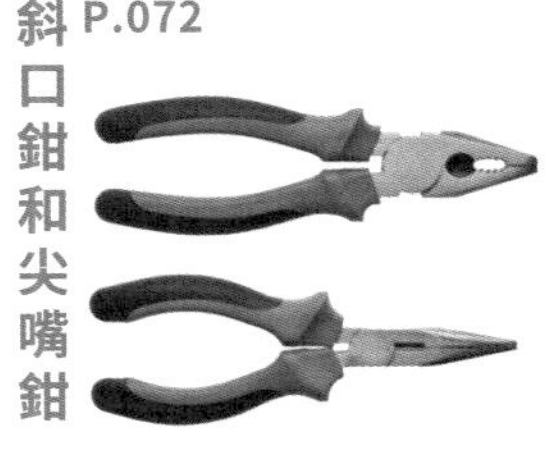

尖嘴鉗適合夾取物件；斜口鉗適合剪切線材。

工具箱裡的工具除了用來修理損壞的東西外，還能將你有趣的想法實現！不過萬事起頭難，一開始總會不知道該從哪裡著手，讓我們來了解可以怎麼將一個有趣的想法實現吧！

1

設定主題

仔細思考你想法的可行性，排除天馬行空的想法或難以取得的材料等條件，將主題把控在可以實施的範圍。假設你想要做一把舒適的椅子，椅子有分很多種，有木製、鐵製、塑膠製的；坐起來軟的、硬的；有沒有椅背、需不需要輪子、有沒有調降功能等等。

需要決定的事項很多，一開始先確定好方向，在動手做的過程中才不會手忙腳亂，因此釐清自己想要做的事情十分重要，也能讓你事半功倍。

2

資料蒐集與設計

確定製作方向後，就可以開始設計你的成品了，這個過程需要你去了解製作過程中會用到的原理知識。假設已經決定製作有滾輪功能的木製椅子，就需要思考椅子的結構是什麼、椅子要怎麼做才能符合人體工學，長時間坐著不會感到疲憊、要多大的輪子才能帶動椅子滑動等。

正所謂知己知彼百戰百勝，了解成品需要用到的原理知識，製作過程中的錯誤率也會跟著降低，能減少製作時間和消耗的材料。

3 選擇材料和工具

確定主題和設計圖後，可以挑選適合的材料和工具了。首先決定預算，在預算內選擇適合的材料和工具。椅子的木材要切割，會用到鋸子；木材需要研磨，會用到砂紙；輪子要固定在椅腳，需要用到鑽孔工具。

將材料和工具列出清單，如果發現超出預算，再思考有沒有能兼具低廉價格和功能性的。比如電鑽能高效不費力的鑽孔但價格昂貴，反觀手搖鑽雖然出力多，但它與電鑽一樣能鑽孔且價格更低，就可以選擇使用手搖鑽做你的鑽孔工具。

4 完成主題

主題、設計圖、材料和工具都準備好後，可以開始製作成品了！動手做前記得確保周遭環境安全，做好保護措施，避免意外的發生。成品完成後也要做測試，比如椅子的四個腳是否一樣長？使用者靠在椅背上會傾倒嗎？輪子在滑動時會卡頓嗎？錯誤都排除後，你的成品就順利完成了！

製作時的順利程度，取決於你花多少心力準備。了解與善用工具即是竅門之一，讓我們開始認識各個神通廣大的工具吧！

認識「鉛筆」

認識「橡皮擦」

認識「圓規」

繪圖工具之STEAM角度分析

繪圖挑戰賽

圖紙設計師

— 鉛筆、橡皮擦、圓規

認識「鉛筆」

鉛筆大致能分成筆身和筆頭。筆身多為木材所製作，筆頭經過刀片削割會露出內裡的筆芯。筆芯為石墨粉、黏土和水混合而成的液體，再經由烘烤塑型而成，能直接用於書寫，運筆的角度能畫出粗、細線條。鉛筆書寫過程會消耗裡面的石墨，需要經常削尖，鉛筆也會越削越短。

鉛筆筆芯構造主要以石墨和黏土為主，石墨添加得多，筆芯越軟，顏色也就越黑；黏土添加得多，筆芯則越硬，顏色越淺。

因應筆芯的深淺特性，現在鉛筆上常見有H和B兩種編號：H代表「硬(Hard)」，隨著數字增加代表筆芯越硬，筆墨痕跡越淺，適合用於寫字；B代表「黑（Black）」，隨著數字增加代表筆芯越軟，筆墨痕跡越黑，適合用於美術插畫和塗答案卡；「HB」介於H和B之間，屬於軟硬適中的筆芯；F代表「細字（fine point）」與「堅韌（firm）」，硬度介於HB和H之間。

常用書寫的筆芯編號為「HB」鉛筆，常用於塗答案卡的編號為「2B」鉛筆，為了追求紙上呈現的視覺效果，藝術家使用鉛筆編號的範圍最廣，從10H到10B都有。

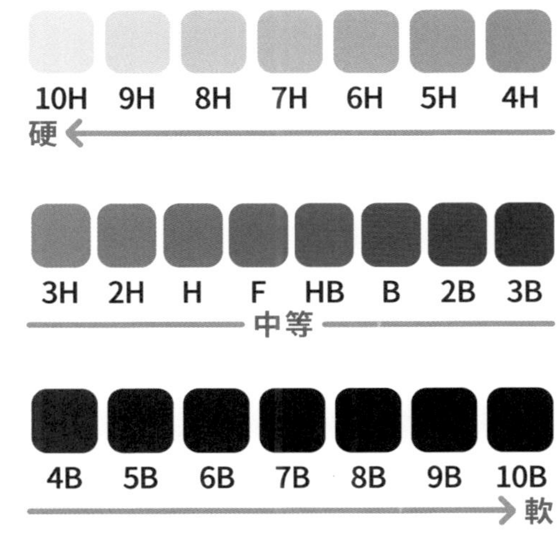

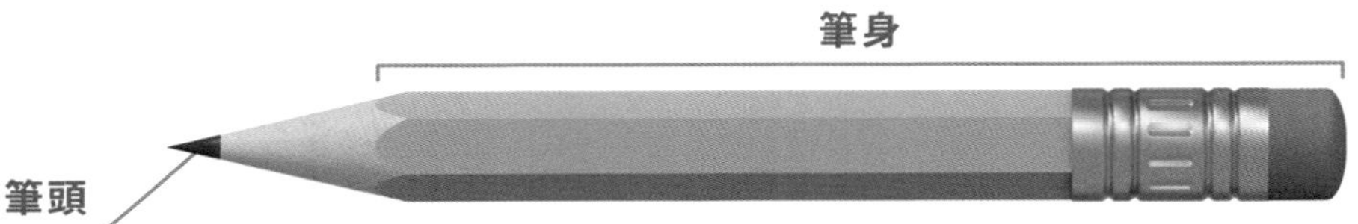

認識「橡皮擦」

書寫、繪、畫都免不了會使用到橡皮擦。橡皮擦的外部通常會套一個套筒。橡皮擦的總類也很多元，有擦拭鉛筆的、原子筆的、專門繪畫用的，加入鐵粉能收集皮屑的磁力橡皮擦等。多由橡膠加軟化劑製作，透過摩擦將紙張上的石墨粉黏起，包覆進橡皮擦屑裡帶走。

小知識

選購橡皮擦，要注意商品是否有完整中文標示，包括品名、廠商資料、製造日期及警語。還有辨識最重要的CNS6856國家標準認證，把關橡皮擦的重金屬和塑化劑含量。

套筒

裝橡皮擦的本體，除了展示廠商標誌(LOGO)和產品說明，也因為材質特性的關係，獨立包裝能隔開每個橡皮擦，避免本體塑膠部分溶化後結合。

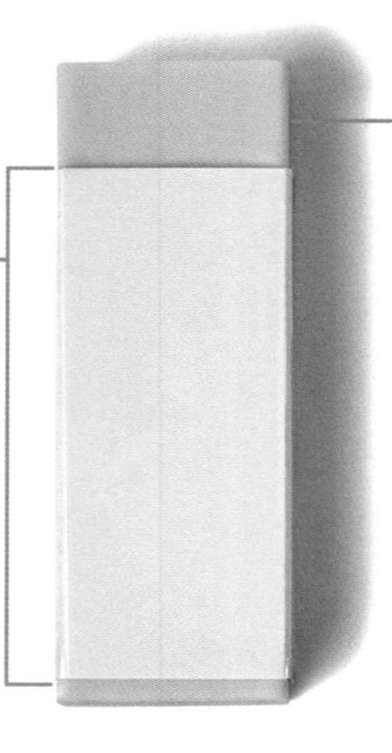

橡皮擦

隨著軟化劑量多寡決定橡皮擦本體的軟化度，因為塑型劑和PVC（聚氯乙烯）的關係，橡皮擦放久了會出油，要注意使用。

橡皮擦的種類

橡皮擦用於擦拭字跡、圖畫，功能簡單卻因其不同的材質而分出幾個種類的橡皮擦。

	特色	缺點
塑膠橡皮擦 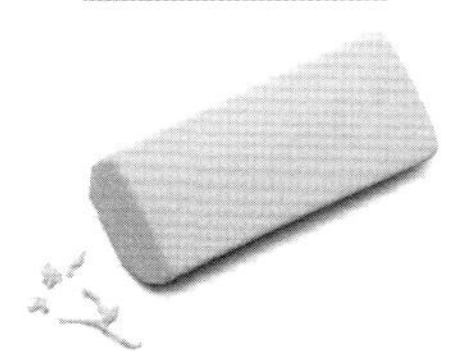	多以PVC材料作成，為最常見的橡皮擦類型。因可塑性佳，而有各式各樣的形狀、顏色。會產生橡皮擦屑，也因此延伸出許多功能性橡皮擦。	因為有使用PVC，橡皮擦放久了會出油，與塑膠類的物件（塑膠尺）放一起容易互相沾黏。
砂質橡皮擦 	橡皮擦成分內含有砂，能將滲入到紙張纖維的墨水一起剝離，擦除墨水的痕跡。適合使用原子筆的人。	因為材質粗糙的緣故，使用時需要控制力道，不然容易將紙張擦破。
黏土橡皮擦 	可隨意變形，使用按壓沾黏的方式，沾去鉛筆痕跡；也能使用沾黏的方式製造墨粉的明暗深淺。不會產生橡皮擦屑，也不會有傷害紙張的風險，常被用於素描繪畫。	因為其黏性的關係，容易沾黏其它物體，放置時需要隔裝放置。
磁性橡皮擦 	橡皮擦本體加入鐵粉，使擦出來的橡皮擦屑具有磁性，常會在套筒底部附上強力磁鐵，以此吸住橡皮擦屑，保持桌面乾淨。	價格偏高，且因為附有磁鐵，橡皮擦重量會偏重。

認識「圓規」

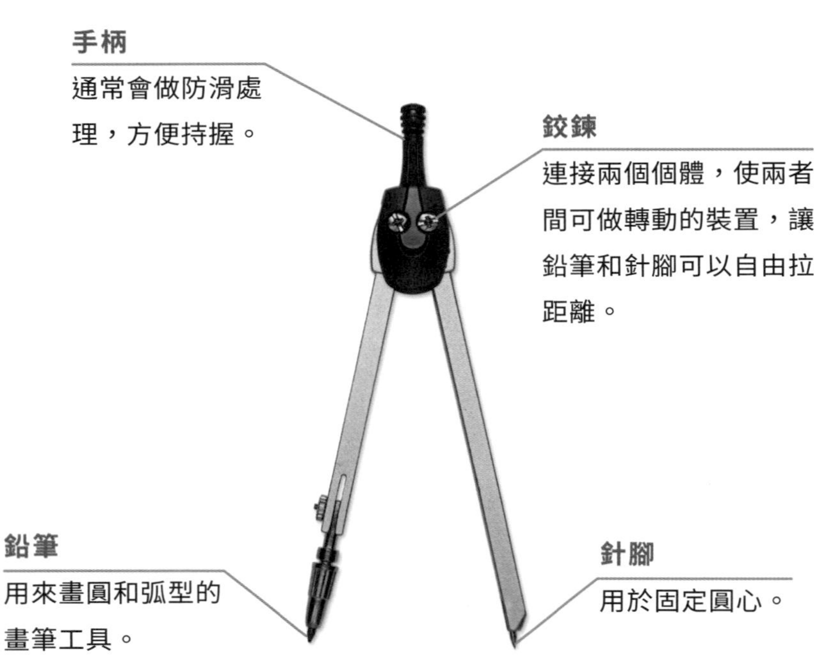

圓規有兩隻腳，上端鉸接，下端可隨意分開或合攏，用以調整所繪圓弧半徑的大小。使用針腳作為圓心，將一邊用於畫線的鉛筆拉長，作為圓的半徑長度，畫滿一圈即可產生一個圓形，圓規配合直尺可作正多邊形的尺規作圖法。

圓規的使用

圓規是運用槓桿原理進行操作，施力點在手柄，支點在針腳，抗力點在鉛筆處，是屬於費力省時的結構。

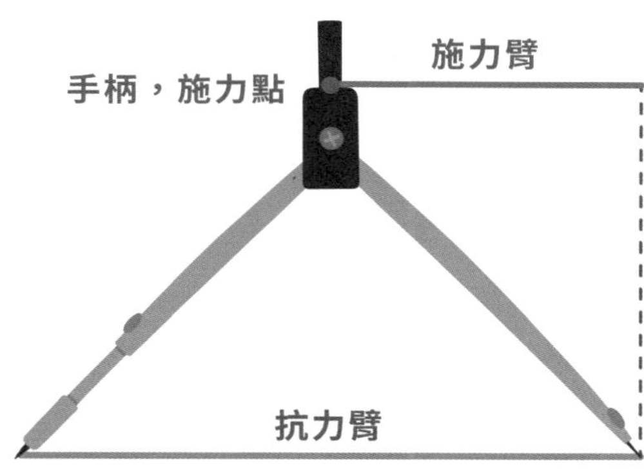

圓規的基礎使用

針腳作為圓心，以針腳到鉛筆距離作為半徑畫圓，可將鉛筆傾斜，會比較好作畫。

使用圓規畫出正方形

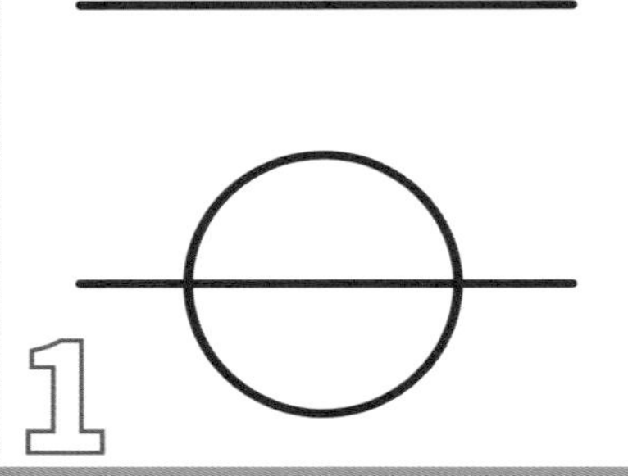

用尺畫出一條橫線，再畫一個圓。

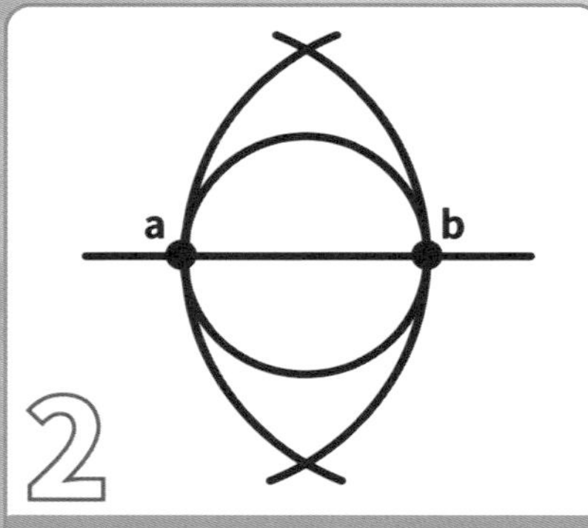

以畫出的圓形直徑，將ab兩端做為中心點的半徑畫圓，以此找出直線中心點。

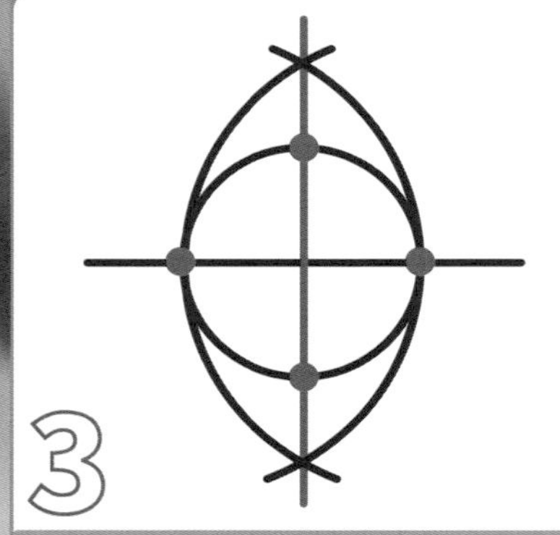

將上下左右圓和兩條線有相交之處畫線連結，即可得正方形。

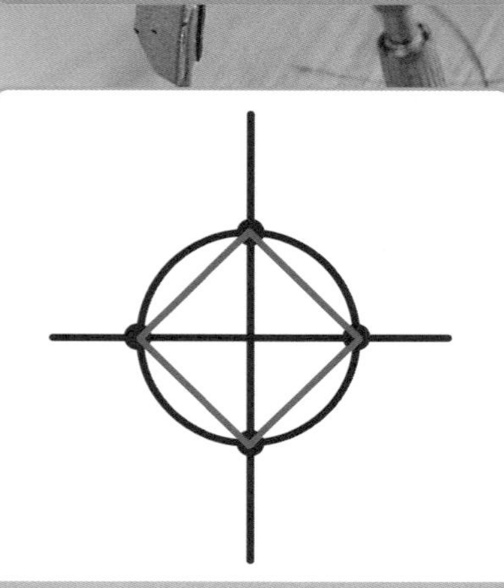

FINISH!

以圓規作畫

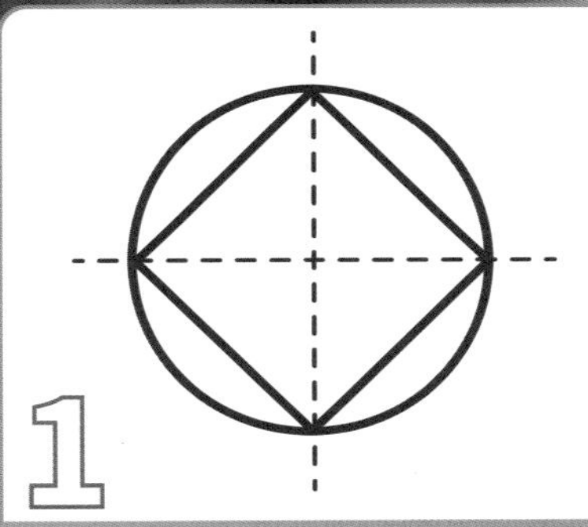

1

以上面的手法畫個正方形。

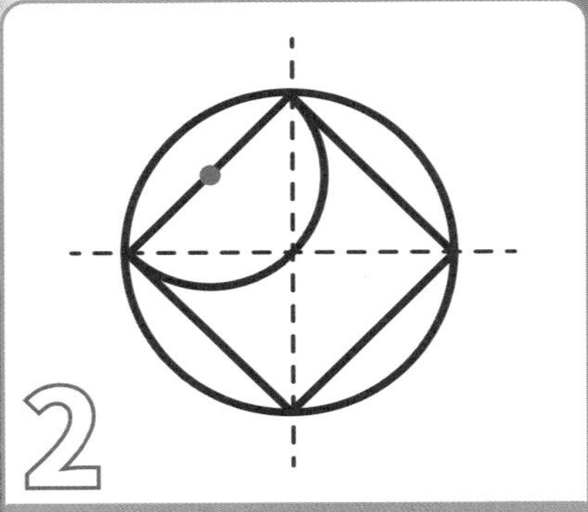

2

找出正方形一側的中心點畫半圓。

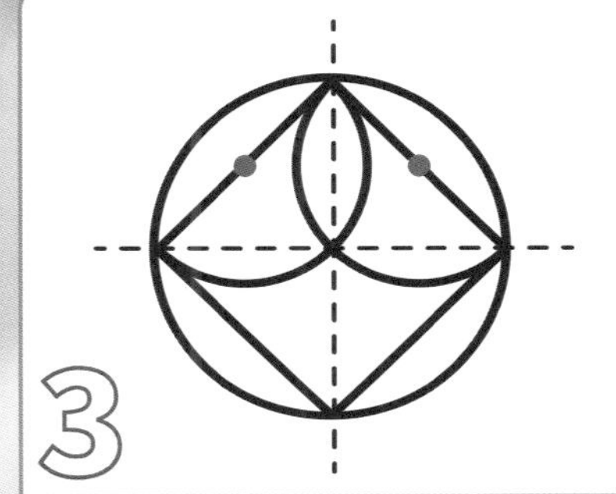

3

依序在正方形每邊畫出一個交互的半圓。

4

上色後即形成十分漂亮的幾何圖案。

Mathematics

數學

- 橡皮擦使用過程中，得以體會簡單立體形狀切削面形狀之變化，如圓柱體之切面可能為圓形及橢圓形等。
- 應用圓規及幾何性質，得以進行無尺作圖。
- 圓周為一封閉曲線，線上各點都與圓心等距離。
- 繪製機構零件時，即幾何繪圖概念應用。
- 若圓規針腳位置不變，以不同半徑畫圓，即形成同心圓。
- 橡皮擦多數為簡單立體幾何形狀構成，如長方體、正立方體、圓柱體等。
- 圓規得以繪製相同或均分成特定比例之長度、角度、面積等。
- 在圓規連桿長度及展開角度不變情形下，依**全等三角形判定定理***，其針腳及筆尖兩點之距離相等。

***全等三角形判定定理**
三個邊和三個角都對等，對應邊、對應角皆相等。

Science

科學

- 鉛筆寫字的原理為筆芯與紙張的摩擦力，使碎屑附著於紙張上。
- 橡皮擦擦拭時，由於橡皮擦對筆芯屑摩擦力、附著力較大，使之被帶走
- 橡皮擦形成擦屑為形狀變化，除了加筆芯碎屑外，其整體體積不變。
- 圓規畫圓即槓桿原理之應用。
- 畫圓之半徑不同，其形成之力矩也不同。

Art

藝術

- 香水橡皮擦內含香精，為氣味藝術的展現。
- 兒童用橡皮擦具有不同造型及顏色，即其成品之藝術展現。
- 應用圓規幾何無尺作圖，得以繪製多樣化幾何造型。
- 圓規材質、顏色及機構即為其工藝展現。

Technology

科技

- 圓規構造為連桿的運用。
- 筆形橡皮擦附加馬達及偏心軸承設計，即自動橡皮擦。
- 筆芯因其硬度不同，使其碎屑脫落程度不同形成濃淡變化。
- 一般型橡皮擦適用西卡紙；易拭型橡皮擦適用圖畫紙；超黏屑橡皮擦適用具石墨的書寫筆跡。
- 部分圓規設有尺規，可依開角指針直接指出針腳與筆尖距離。
- 將圓規筆芯更換為切削工具，可用於切削圓形物件。

Engineering

工程

- 橡皮擦因其擦拭面積不同，而有筆狀及塊狀設計。
- 使用橡皮擦時，應避免其形狀接近球狀，以增加放置於桌面時的穩定性。
- 橡皮擦因使用情境不同，其成分可能含有橡皮、橡膠、PVC等，形成不同軟硬程度及吸附特性。
- 精密製圖圓規於兩連桿間裝有螺帽及螺桿，藉此精細調整連桿間開角大小。
- 工程實務上，得以金屬釘件連結繩索固定於一端，繪製大圓。
- 現代常見圓規主要機構為連桿，由螺絲及螺帽組合而成。

繪圖挑戰賽

這個章節講到繪圖時常用到的鉛筆與橡皮擦，還有圓規的使用與製圖方式，如果運用熟練並加以分析、理解疊加的圖樣，就能使用圓規畫出許多精緻美麗的圖騰，現在可以運用這個章節學到的原理來繪製漂亮的圖案喔！

手作時間：圓規繪不繪

下面兩個圖案都能使用尺規畫出來，我們先試著拆解看看。

仔細觀察圖片的細節。

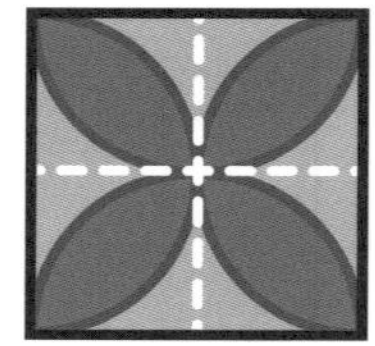

仔細觀察圖片的細節。

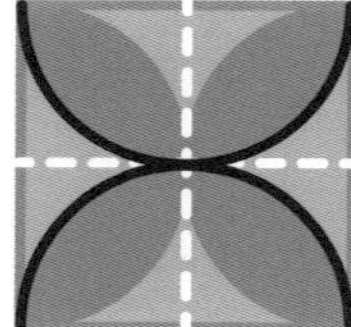

上下是以正方形邊長為直徑的半圓形。

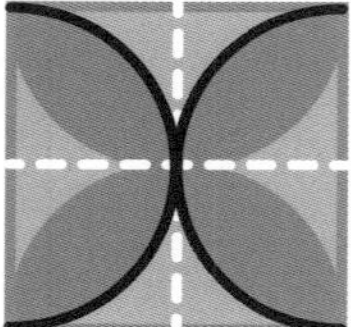

左右是以正方形邊長為直徑的半圓形。

仔細觀察圖片的樣子。

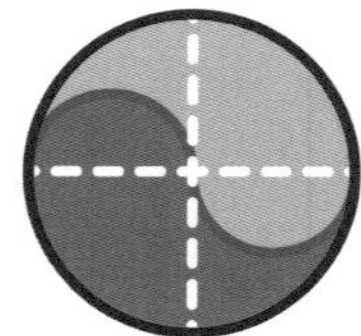

圖形外框為一個圓形。

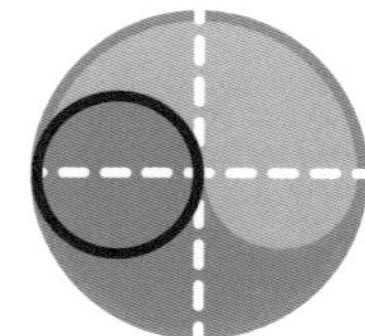

左側的弧線，是以圓型半徑做直徑的圓弧線。

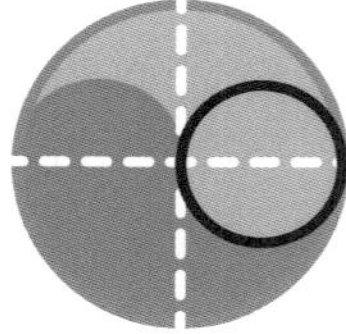

右側的弧線，是以圓型半徑做直徑的圓弧線。

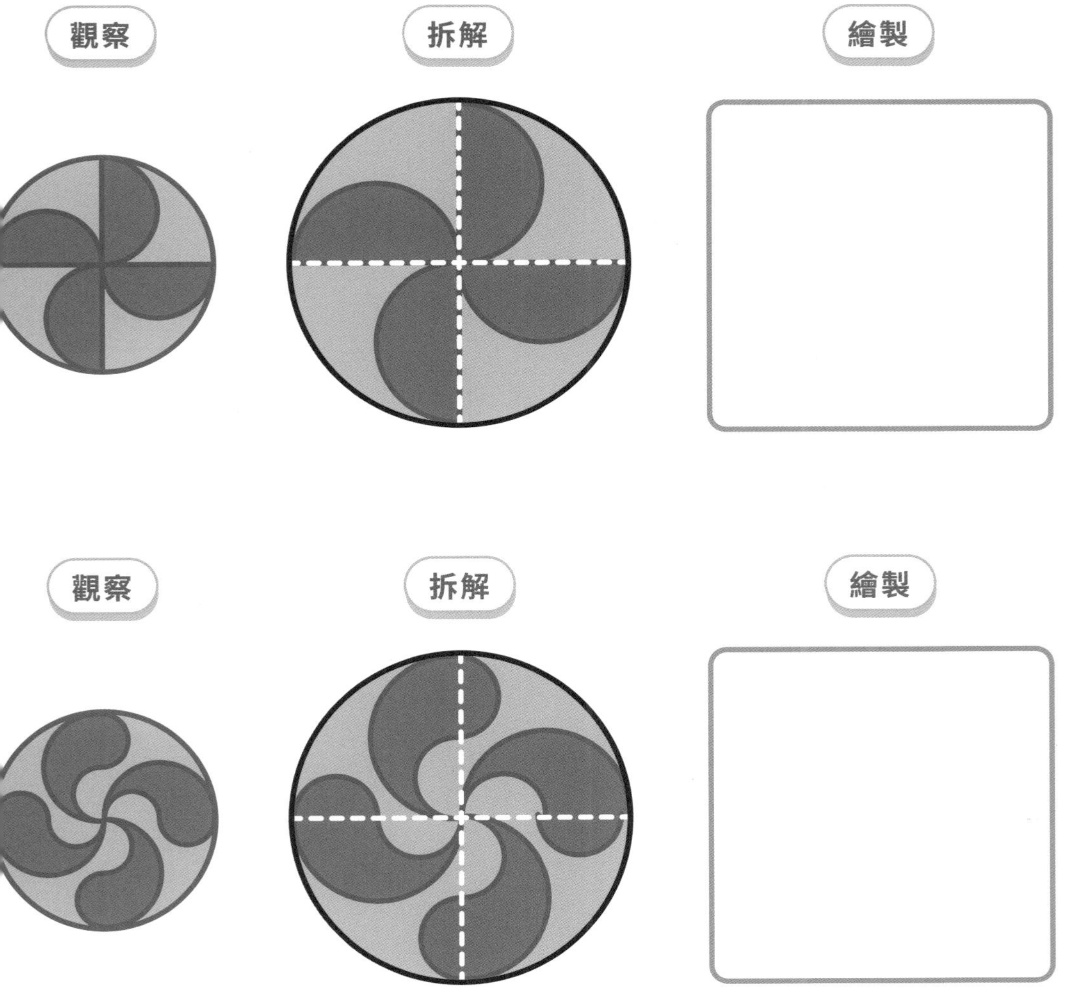
觀察
拆解
繪製
觀察
拆解
繪製

手作時間：圓規操控師

我們學會使用圓規畫圓，也學會使用圓規繪製漂亮的圖形，但如果哪天手邊沒有圓規，我們該如何繪製完美的圓形呢？

已知圓規繪製圓形的步驟：

1.固定圓規的針。

2.圓規張開的長度為圓的半徑。

3.圓規繞一圈即能繪製一個圓形。

一條繩子和兩隻筆，你可以如何使用它們畫出圓形？可以描述或是畫圖表示。

一個罐子，你可以如何使用它畫出圓形？可以描述或是畫圖表示。

想想看，你還有哪些方式能畫出圓形？可以描述或是畫圖表示。

CHAPTER 3

認識「美工刀」

STEAM 科學原理分析

切割玩創意

切割小能手

— 美工刀

認識「美工刀」

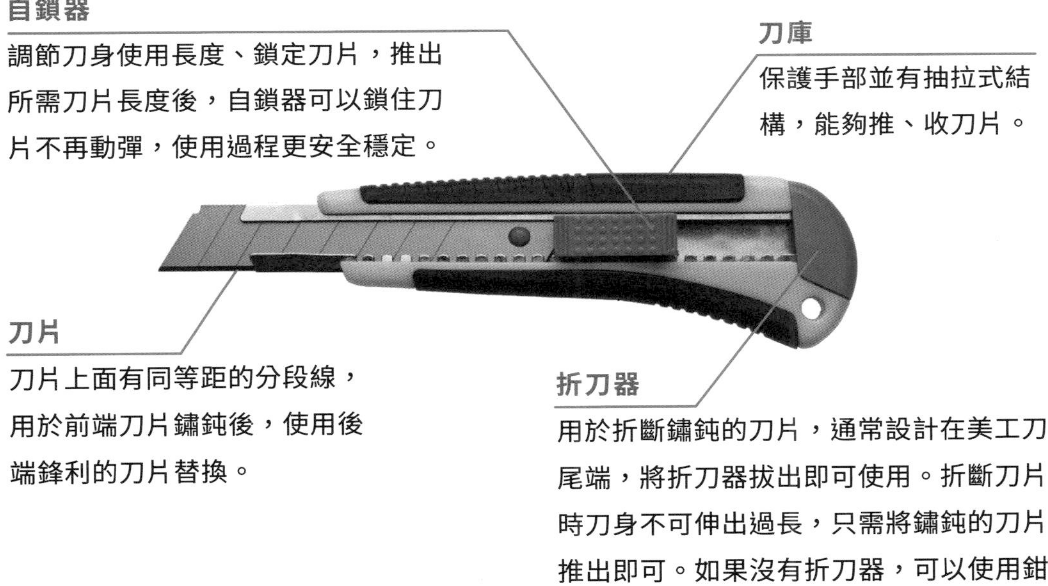

美工刀一般用於切割紙張、塑膠、膠帶、繩子等材質鬆軟單薄的材料，常用於製作美工與手工藝品。美工刀整體輕巧，刀身很脆，不可伸出過長的刀片。為了安全，美工刀通常都設有自動鎖定的裝置。

安全規則

- 使用美工刀時，切記勿與同學打鬧嬉戲，或是當作武器揮舞，避免發生危險。
- 不使用美工刀時，一定要將美工刀收入刀庫中，不可隨意放置，避免誤傷自己或他人。
- 美工刀刀片鏽鈍後不可堅持使用，應更換刀片，物件的割口才能整齊無鏽痕。
- 應使用美工刀附帶的折刀器，或是專門的折刀器來換刀片，切記不可徒手碰觸刀片以避免意外割傷。
- 折斷刀片時，僅需推出鏽鈍的那節刀片，如果刀片推出過長再折斷，可能會因為重心偏移，導致折斷後方完好的刀片。
- 使用美工刀時，需在物件底下墊切割墊，防止切割過程中傷害到桌面。

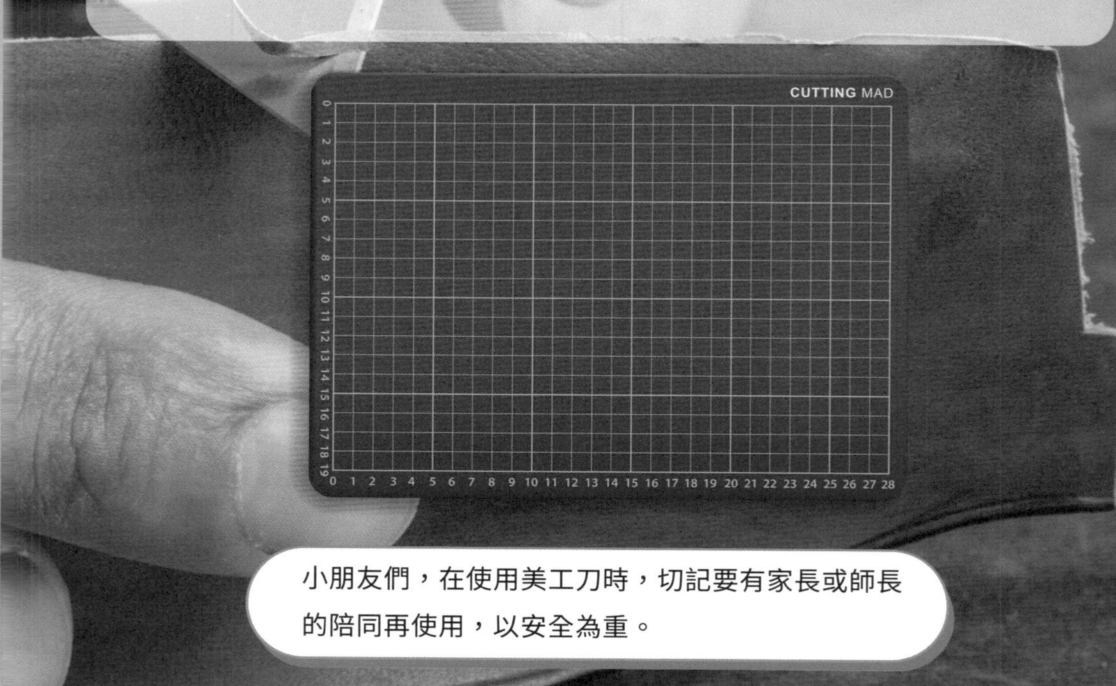

小朋友們，在使用美工刀時，切記要有家長或師長的陪同再使用，以安全為重。

美工刀的親戚

按壓式切割器

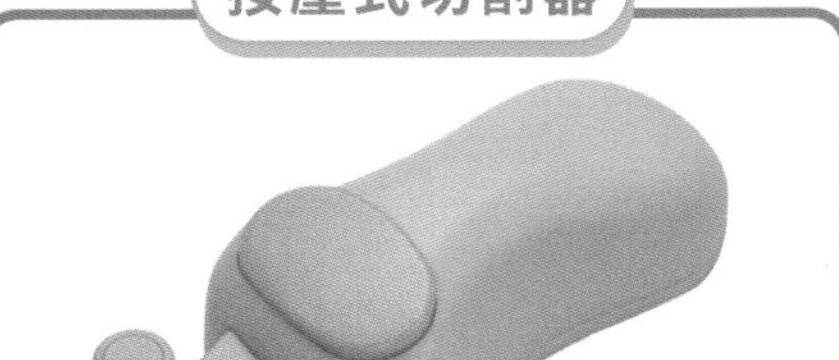

通過滑鼠的手感來自由地剪裁紙張，適用於報紙和雜誌，能沿著圖片邊緣裁剪。

拋棄式安全工作刀

刀片收納於刀把前端的鵝頸處，使得要裁切的物品（如包裝膜）可以伸入至切割的刀片處。
因為刀片無法更換，所以刀片鏽鈍後就需汰換。

虛線刀

筆狀切割刀，用於薄紙張、布料和膠片。通常應用於沒有立即需要切斷的材料，可用於製作抽獎券、優惠券、回執聯等截角存根的快撕虛線。

筆刀

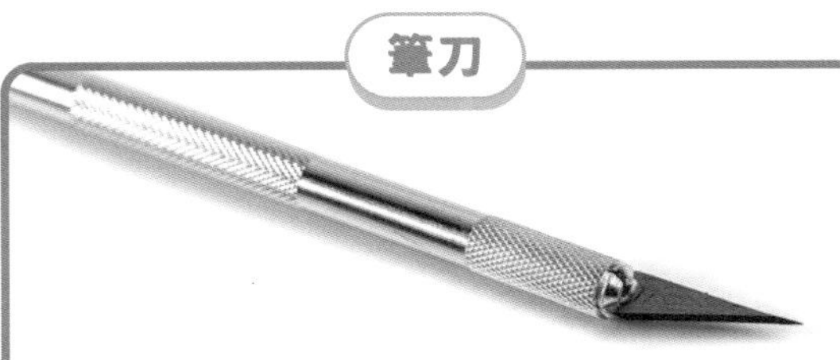

以螺旋零件固定刀片，用於切割面積較小的物件，或雕刻細節時使用。

拆信刀

基本為不開鋒的刀，專門用於打開信封封口，或是分割書和雜誌的摺頁。

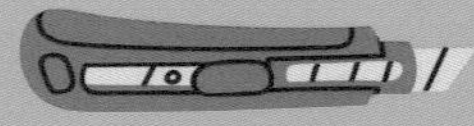

科學

● 美工刀之使用為**槓桿原理**＊之應用。其支點會隨著自鎖器的推移而有所變化，所以如果將刀片推出太多，抗力臂也會隨之增長，使用者也會更難施力。

● 刀片的切割作用為刀具向材料作用之正向力，分別分解為垂直及平行材料表面的分力，形成材料分離之現象。

● 切削作用力作用於材料上時，材料會給予刀具一個反作用力，可能為材料的**彈性**＊壓力或**塑性**＊壓力。

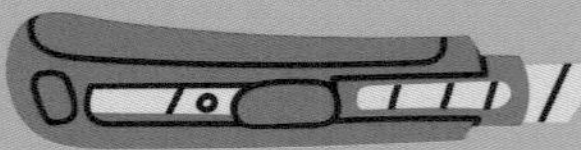

＊槓桿原理

施力點

施力臂

抗力點

抗力臂

＊彈性、塑性

大部分的材料都有彈性和塑性，會在外力作用發生變形，力消失後材料能恢復的為彈性；不能恢復的為塑性。

科技

● 為避免傷手，美工刀將刀片置於刀庫中，並採用有別於折合式的收納方式。

● 美工刀片材質多選用硬度較高之高碳鋼，非一般軟性金屬材質。

● 美工刀片於固定距離便有切劃過的折斷線設計，延長整體刀片使用期限。

● 美工刀應用彈簧、簧片及齒狀結構固定刀片。

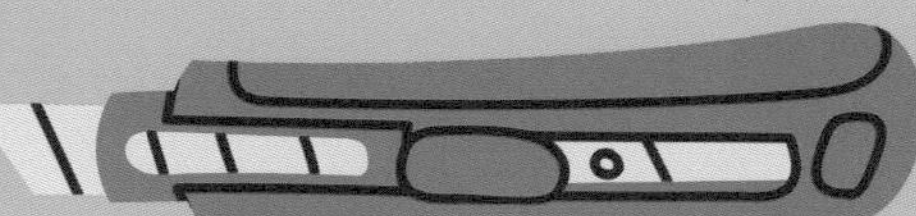

科學原理分析

Art

藝術

- 美工刀能進行精密雕刻，展現陰陽雕、切削等光影、空間、線條布局之美。
- 部分美工刀於刀片製程中參入其他金屬元素，形成不同刀片顏色。
- 美工刀刀柄之材質、顏色、紋飾為刀具藝術展現。

Engineering

工程

- 刀具進行簡單切削時，會產生毛邊現象，實務上會以砂紙或銼刀予以修正。
- 為避免直線切割歪斜，於直線加工時，通常以鋼尺輔助進行切削。
- 為避免幼童受傷，部分美工刀加上幼童安全裝置。

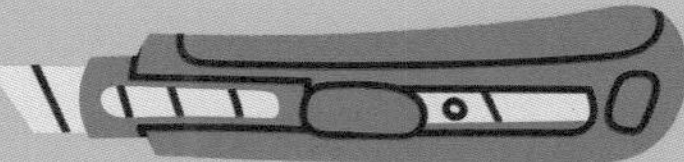

Mathematics

數學

- 美工刀刀具切削角度多為銳角30度。
- 為方便舊刀片折斷後，新刀片之切削角度仍相同，故其折斷線皆為平行線，且整體形狀為平行四邊形。

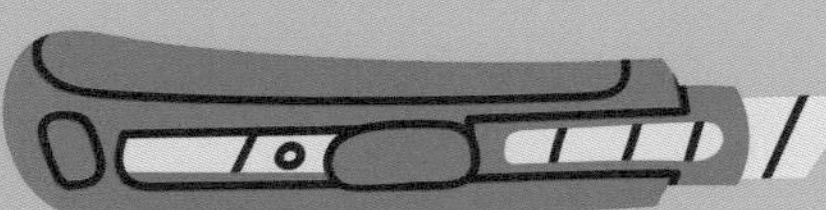

切割玩創意

美工刀是日常生活中常用工具，比如切割紙張或是拆開包裹，美術課上也有許多手工作品需要用到美工刀。也正因經常使用，所以平時也需要注意美工刀的安全規則喔！

手作時間：顛倒印章

你聽過「印章狂魔」乾隆的故事嗎？清朝時期的乾隆皇帝很喜歡在收藏的字畫上蓋章，時常將字畫的空白處蓋滿大大小小、各式形狀的印璽。我們雖然不能在昂貴的字畫上蓋章，但能在自己的筆記本和課本上蓋自己的姓名印章；也能在筆記和日記本上蓋代表各種標記的圖案，如星期、天氣、表情符號等豐富內容。要自製印章也十分簡單，只要一塊橡皮擦和美工刀（為了精細操作也可使用筆刀）就可以自製橡皮章了。

仔細觀察下面兩個星星，你認為它們的刻法有哪些差異？

印章的刻法有陽刻與陰刻，陽刻保留線條圖案，印出來的面積比較小；陰刻會刻去圖稿線條，印出來的面積比較大，依照你的樣式需求來做雕刻。用星星章示範，紅色是要刻掉的部分：陽刻將星星旁邊的空白都刻掉，這樣蓋出來會呈現完整的星星；陰刻則是將星星位置刻掉，蓋出來的樣子就是一個鏤空的星星圖案。

試試看，你覺得這個狐狸圖樣陽刻長什麼樣？陰刻長什麼樣？將你認為需要刻掉的地方塗上顏色。

陽刻

陰刻

動腦時間！

橡皮章刻圖案時，少不了打草稿，但印章上面的圖案跟我們正常畫圖其實是有差異的，觀察左圖的文字印章，你有什麼發現嗎？

平時寫「MADE IN TAIWAN」會是這樣，但仔細看印章上面的文字，它呈現原先文字的水平翻轉，變成「ИAWIAT ИI EDAM」。我們透過觀察得出，印章上的圖案和蓋出來的圖案，就如同鏡子般呈現左右顛倒。當你需要刻章時，除了可以自己手繪水平翻轉的圖案，也可以透過「轉印」的方式，將圖案水平翻轉印在橡皮塊上。

轉印的方法有很多種，可以先在紙上用墨水多的原子筆或顏色深的鉛筆畫圖，畫完之後將圖案壓在橡皮塊上，圖案即能轉印過去，但這個方法可能有轉印圖案不清楚或糊掉的問題。

更穩妥的方法，可以將圖片用碳粉影印出來（不能用墨水），將影印出來的圖片覆蓋在橡皮塊上，再用去光水均勻塗抹，就能順利轉印圖案了；又或是可以用描圖紙，將想要的圖片描繪下來，一樣覆蓋在橡皮塊上，之後用指甲或筆的尾端等工具輕刮描圖紙，即可將圖案順利轉印。

假如你要蓋出左邊的名字，橡皮塊上該如何呈現？將圖案水平翻轉的方式有很多種，除了上述教得方法，也可以思考有沒有其他做法，能將名字順利翻轉。

許小明

Mark

了解陰陽刻和轉印方法，接下來就可以對橡皮塊下刀了！就跟處理食材會講究刀工一樣，雕刻橡皮塊也有需要了解的竅門。

首先要注意下刀的方向都是傾斜的，由不同角度控制深淺，以不同方向下刀。注意印面線條和橡皮塊之間需要有穩定的支撐，以免因為支撐不穩導致圖案斷裂。

下刀時需要往線條的外邊傾斜刻，呈梯形，從這張圖能清楚看出使用這個方法，印面線條和橡皮塊之間是有穩定支點的。

如果切面過於向內側傾斜、沒有注意刀的插入角度或雕刻圖片轉彎處時，轉動橡皮塊的方向不當，都會使印面線條底部支撐性不足，導致斷裂。

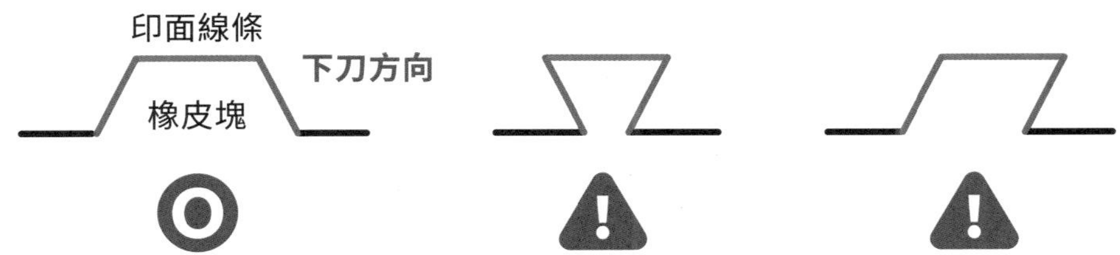

掌握轉印和刻法，橡皮擦除了擦除筆跡外，還能有更多的功能。不管是自製姓名章、豐富畫面的動物圖案、增加筆記功能的欄位方格章，都可以用橡皮擦做出來！

CHAPTER 4

鋸切小助理

—手工線鋸

認識「手工線鋸」

認識「鋸條」

STEAM 科學原理分析

動手時間！

鋸切割割割

認識「手工線鋸」

手工線鋸又稱弓形鋸、U型鋸，搭配C型鉗固定材料位置。可用於切斷板材、鋸切不規則曲線，是材料體積移除效率最高的加工方式。**鋸切轉彎處時，為了避免鋸條被摔斷，需要放慢速度邊鋸邊轉動材料**，過程中必須注意安全。

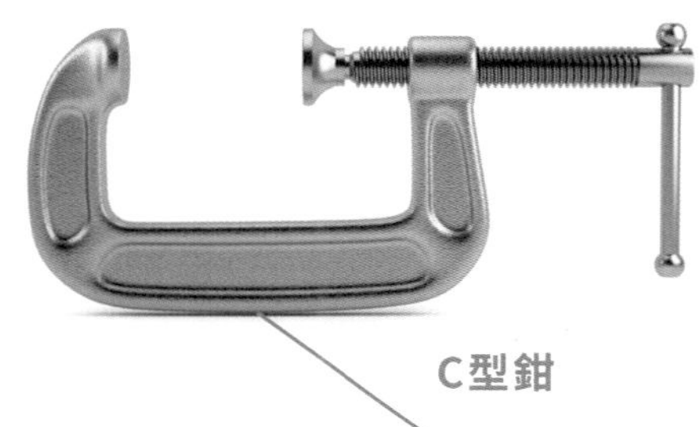

C型鉗

如果手工鋸鋸切薄工件時，發出刺耳聲響，可能是鋸條已無鋸齒。

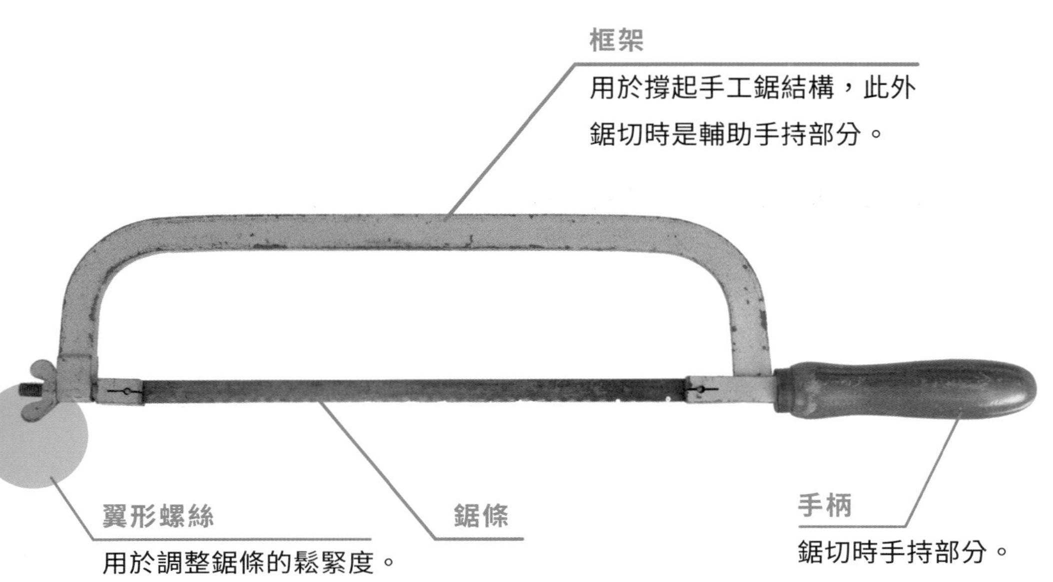

認識鋸條

手工鋸條要先決定鋸條齒數，鋸條上兩孔間距為長度，依據工件大小、斷面形狀、材質等，一般手工鋸條的鋸齒部位經常作淬火，鋸條之齒數用每25.4mm長的齒數，長度為鋸條上兩孔間距，且鋸齒交錯排列可使鋸條較具韌性並不易卡住鋸槽，通常以單齒交錯式使用較多，一般手工線鋸鋸條長度通常以 300、200、250(mm)為適用尺寸。

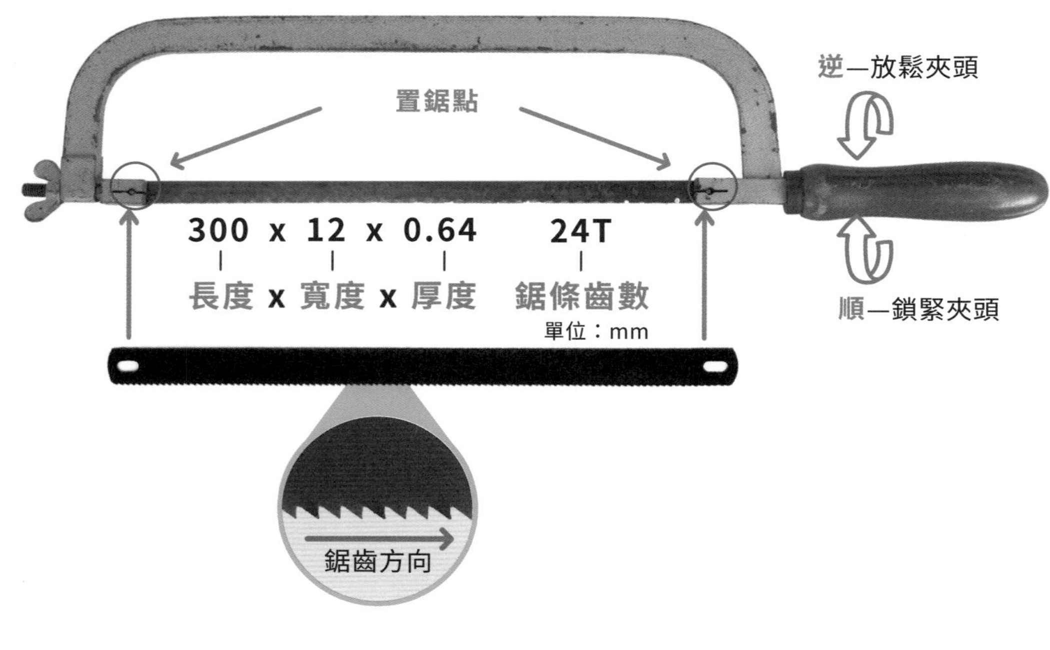

Tips 鋸割過程中，若感覺滑溜不易切入，可能是鋸到較硬材質、鋸齒磨損，或是鋸齒方向裝反。

安全規則

- 在使用手工線鋸時，切記勿與同學之間嬉戲打鬧，或是將線鋸朝向人體或亂割物品，避免發生危險。
- 若發現無法自行操作工具時，可請老師幫忙勿逞強自行完成。
- 若在進行手工線鋸時，為避免破壞課桌椅，切割路徑請在不傷害桌面的範圍內。
- 使用時勿使用蠻力切割，以免**鋸條斷裂**導致碎片噴飛劃傷。
- 鋸條的鬆緊度須於適當狀態，太緊太鬆都會導致碎片噴飛劃傷。
- 鋸切完畢後，鋸條應為放鬆狀態。
- 手鋸時應穿戴的護目鏡、圍裙、口罩等裝備。

Tips 鋸條斷裂的原因還有：鋸條裝配過緊、鋸縫歪斜而改直、新鋸條鋸切舊鋸縫，換新鋸條後可以先循原鋸路輕輕鋸割。

安裝說明

固定調整螺絲轉動手柄，將可以使兩點置鋸點相互靠近。鬆開弓架二端的翼形螺絲帽，確認鋸齒朝外、朝把手方向後，順向朝鋸柄，將孔洞對應，再次固定調整螺絲轉動手柄，鎖緊上顎翼形螺絲帽，即可將鋸條拉緊至適當鬆緊度，太緊太鬆與鋸切壓力過大都會導致碎片噴飛劃傷。

Science

科學

- 鋸條及手工鋸框架彼此張力、彈力平衡。
- 手工鋸的使用及手感能體會力的分解性。
- 以手、虎鉗或夾鉗固定加工物件是**靜力平衡***現象。
- 鋸片扭曲或歪斜即表示有力作用於鋸片側面。
- 檢查鋸條及鋸框是否平整、平直即應用光的直進現象。
- 鋸片上油防止鋸片生鏽是因為油能隔絕氧氣，避免鋸片氧化。
- 應逆齒方向切削才有切削功能，是因為逆齒給予材料作用力及磨擦力較大。
- 鋸齒會因為積屑而失去切削作用，此時手感會感覺較平滑。

***靜力平衡**：
受多方力的作用，
力合力為零，
使得物體靜止不動。

Technology

科技

- 由線鋸演變為可調式手工鋸及輕便型手鋼鋸，就是科技的演變。
- 線鋸固定鋸條機構演進，有螺帽式、U形夾、卡式、旋鈕式等。
- 鋸切工具，自傳統使用者自行鋸切，演進為結合馬達、曲柄、齒輪、連續鋸條等，改善鋸切作業效率。

科學原理分析

Engineering 工程

- 鋸切作業時，應考量鋸路消耗材料，進行下料*鋸切。
- 使用線鋸進行切削時，應考量縱開、橫斷、斜切等作業選擇正確工具。
- 依據鋸片鋸齒有效切削作用方向，可分為推鋸及拉鋸。
- 鋸切作業時，應以輔助手拇指導引鋸子，形成鋸路後，再正常鋸切。

*下料：
從材料中取得所需的形狀、數量或質量。

Art 藝術

- 鋸齒為三角形應用重複排列原則組成。
- 鋸框金屬表面可呈現光滑、霧面、漆面等材質。
- 鋸柄因採用不同木料、塑料、金屬等材質及其形狀，而有不同視、觸覺感受。

Mathematics 數學

- 手工鋸規格常以每英寸(2.54公分)所含的齒數表示，其規格越高越能切削硬料。
- 線鋸或弓鋸之鋸框含有兩個幾何圓角，維持鋸框力平衡。
- 不同鋸齒得視為由不同種三角形組成。

工具應用

大物件（金屬鐵塊）
鋸條安裝好後，物件夾於虎鉗上固定好，右手握把手，左手自然放在框架上，眼睛注視鋸切處，利用身體力量向前並向下鋸切，回程時放鬆施力並些微擡高，以利推回鋸條及排屑。

小物件（一般木板）
鋸條安裝好後，物件夾於C型鉗或F型鉗，右手握把手，左手自然放在框架上或輔助固定加物件，眼睛注視鋸切處，利用手臂力量向下後拉鋸切，回程時放鬆施力並些微擡高，以利推回鋸條及排屑。

鋸切時速度保持平均，每分鐘往返50-60次為佳，**鋸切過快**的話容易導致鋸齒鈍化。鋸切的角度（鋸條與木板角度）以90度最為合適，較不會使鋸條斷裂，倘若受限於鋸架高度而無法鋸切，可改橫鋸方式繼續鋸切時，此時木板裝置方向應與手工線鋸架成90度。

使用步驟

1

檢查手工線鋸及鋸條是否無損壞，確認後安裝鋸條。

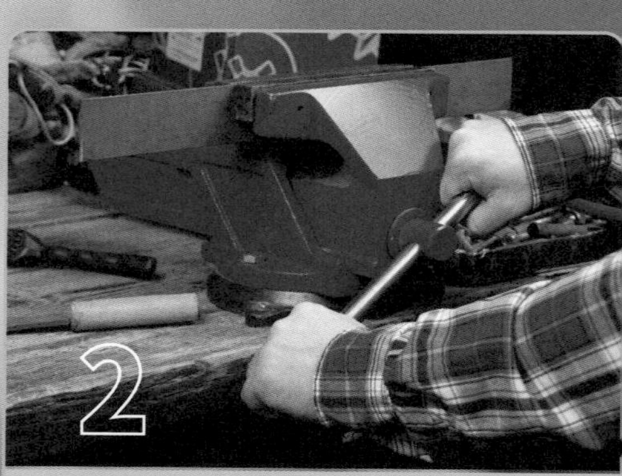

2

大工件時，可以將工件固定於虎鉗上，並用較軟材質(布、膠片等)保護工件被虎鉗夾傷。小工件可以使用C夾、F夾或輔助手固定在桌面上。

3

準備好切割姿勢(右手握把手，左手自然放在框架上，眼睛注視鋸切處)。

4

依據使用說明之**正確姿勢**進行切割（右手握把手，左手自然放在框架上，眼睛注視鋸切處與鋸割線距離）。

鋸齒朝外的情況下，哪種姿勢鋸比較順手？請參考影片

5

物件**完整**被切割下來即完成。

Tips

起鋸時，鋸條傾斜角度以15度以下較適宜，可輔助按壓鋸條背面，防止鋸條跳動。

鋸縫不直的話可能原因為鋸條夾持不夠緊，或者你的手部晃動不穩。

FINISH!

動腦時間！

使用手工線鋸，鋸出一個完整的圓和一個平直的直線，使用方法有什麼不一樣嗎？

觀察看看，以90度鋸割和45度鋸割，兩者和木板接觸面積有什麼不同？

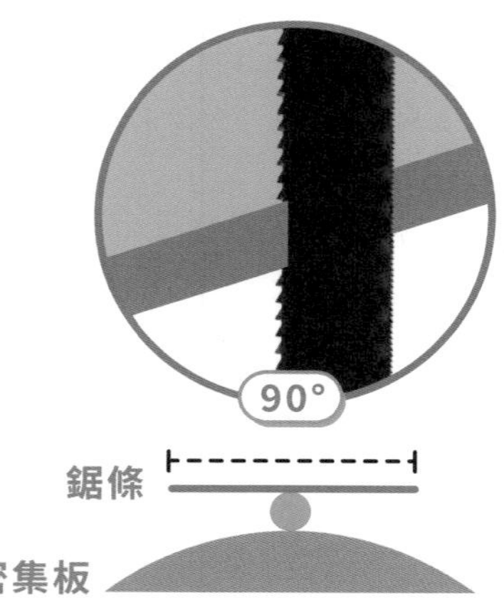

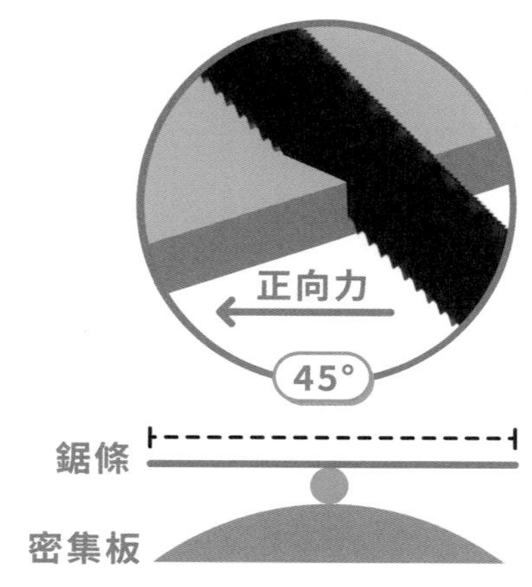

鋸圓時，可視為是多個點的切割，90度時，鋸條與密集板的接觸面較少，比較接近於一個一個點的鋸切。以持鋸角度90度，較持鋸角度45度，更有利於曲線鋸切。

持鋸角度45度時，鋸條與密集板的接觸面積大於持鋸角度90度的接觸面積，比較接近於線的鋸切，較能穩固鋸條鋸切方向，讓直線鋸切得更直。

配合動畫一起來思考吧！
請參考影片

Tips

鋸切物品時，正向力會隨著施力時增加，大幅度拉鋸會不好控制鋸切方向，容易歪斜，所以小幅度拉鋸較容易控制鋸切方向，讓直線更平直。

鋸切割割割

這個章節學到了許多關於手工線鋸的構造、特色、操作方法與安全守則，現在你也可以自己動手操作，過程中記得戴上護目鏡、圍裙和口罩，為保護自己作好萬全準備。

手作時間：動物拼圖

拼圖是益智遊戲的一種，可以學習平面或立體空間的填充概念和排列組合邏輯。拼圖分為兩種：一種是平面拼圖，有風景畫、動漫和世界名畫等圖像組成；另一種拼圖有球型結構、時鐘拼接與花瓶樣式等，是使用圖像和立體空間組合的立體拼圖。Jigsaw在英文中同時有拼圖跟線鋸的意思，這是因為早期拼圖是使用線鋸在繪有圖案的薄木板上切割而成，現在學會使用線鋸的你，也可以親手製作拼圖！

除了做平面的圖像拼圖，也可以做物件組合的特色拼圖，以南極圈可愛的企鵝為主角，首先來觀察這隻企鵝。

企鵝身型圓胖，有尖而突出的鳥喙、全身有羽毛覆蓋，背部是黑色羽絨，腹部為白色，我們可以依照嘴部、背部、腹部，將企鵝分成三等份。

掌握企鵝的精隨，將企鵝的形狀畫在木板上

將企鵝特徵拆解出來後，可以用方正的幾何圖形拼接，也可以做成圓弧邊拼接。如上圖我們能看到企鵝拆解的形狀有許多弧線，依照手工線鋸章節介紹，弧線的切割需要沿著畫線方向穩速而謹慎的操作，如果你要割鋸鏤空圖案，**可以運用手搖鑽(P.60)，首先在轉角處鑽孔，再將鋸條穿入孔中並組裝，即可沿著線割鋸**。割鋸後的板材邊緣會有不可避免的毛邊，使用砂紙(P.50)磨平，讓成品線條更加平滑。

觀察動物實體將其特色拆解出來，頭部有嘴巴、鼻子和腦袋；身軀分有背部、腹部與四肢軀幹。善用這個方法，訓練自己物體的分析能力，還能將許多動物做成一個個可愛的特色拼圖，如小狗、貓咪、大象、綿羊、公雞、烏龜、鱷魚等，動手創造屬於自己的動物世界吧！

觀察這張汽車圖案，如果你要將它拆解成拼圖，你會怎麼做？將你的答案畫在空格裡。

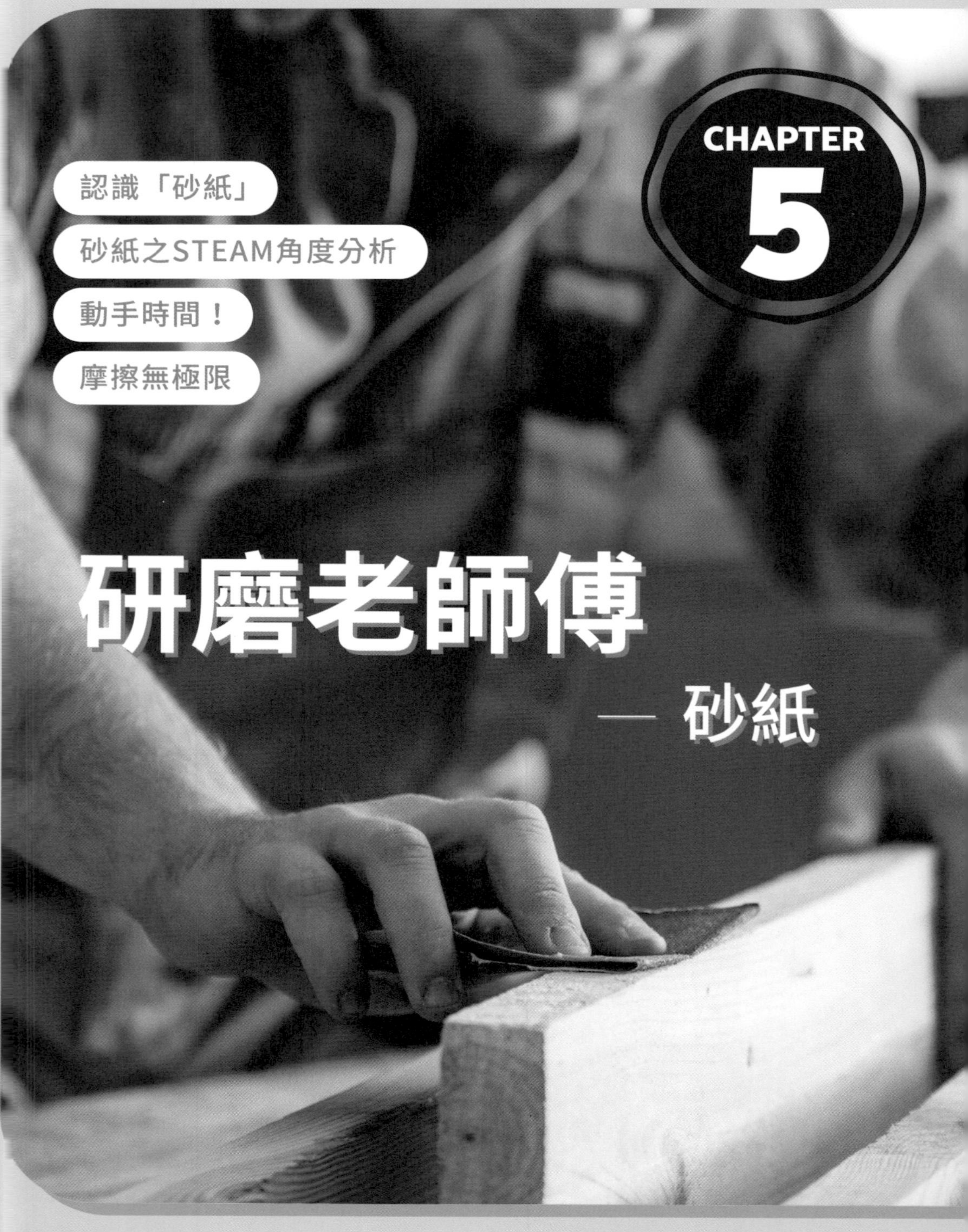

CHAPTER 5

認識「砂紙」

砂紙之STEAM角度分析

動手時間！

摩擦無極限

研磨老師傅

— 砂紙

認識「砂紙」

砂紙由數個研磨粒子組成，依載體不同可分為：普通砂紙、布砂紙、海綿砂紙。每張砂紙上面都會有編號，編號代表砂紙的粗細度，數字越小越粗、越大則越細，打磨時通常先使用粗的砂紙進行基礎打磨，再用細的砂紙進行最終修整。

砂紙約能分成三個部分：摩擦層的研磨粒子、將研磨粒子和背材黏在一起的黏合層、承載研磨粒子的背材基底。

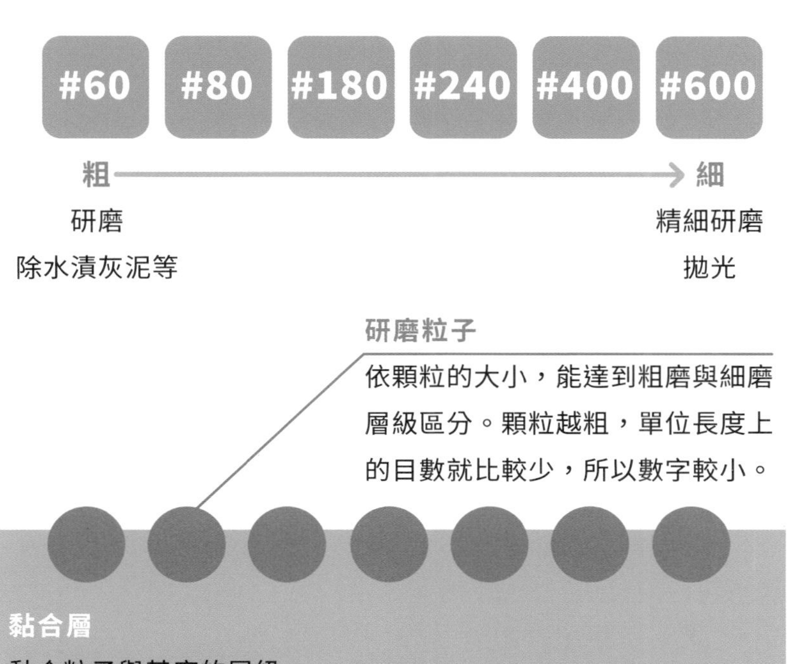

Science

科學

- 砂紙之磨料硬度需大於加工物，方可進行加工。
- 研磨加工是指施加正向力在砂紙上，接著推動砂紙，使之在加工物的表面滑動，造成磨料顆粒與加工物表面產生摩擦，達到加工效果的方式。

科技

- 以滾筒裝入研磨料及加工物件進行滾動，為另一種砂料研磨的加工方式。
- 砂紙面結合曲軸、凸輪、電磁鐵、氣動裝置等，即成為自動砂輪裝置。

工程

- 軟材料容易填滿砂紙空隙，故不適合加工軟材料。
- 實務上常以砂紙包覆方塊或圓柱，以便進行平面及圓形加工。
- 研磨可分為乾磨與濕磨，後者需要使用耐水砂紙。
- 砂紙常被應用的加工方式為輪磨(grinding)、搪光(honing)、拋光(polishing)等。

Art

藝術

- 以具有黏性的紙，黏上不同顏色、材質及大小的碎屑顆粒，即為砂紙畫。
- 應用軟材料容易填入砂紙孔隙的特性，以蠟筆在砂紙上作畫形成砂蠟筆畫。
- 水砂紙常被用以精密表面加工。
- 砂紙因其表面磨料不同，被現代藝術家作為創作素材，如立體紙雕等。

STEAM科學原理分析

Mathematics

數學

- 砂紙號數越大，越適合精磨作業，號數越小，越適合粗削作業。
- 砂紙號數單位為目，即一英吋(2.54公分)長度中顆粒數目。

工具應用

操作砂紙

砂紙用於磨擦物件，可將物件打磨和拋光，作用物件有很多，舉凡木材、金屬、塑膠、玻璃，都可以打磨。

粗砂紙能快速磨去多餘毛糙的材料，再使用更細的砂紙打磨會讓表面變得更加光滑，逐步提升砂紙的編號（顆粒密集度），就能將物件打磨到光可鑑人。

打磨物件時有三點需要注意：

- 研磨應以同一方向反覆打磨。
- 使用水砂紙，必須沾水打磨，降低砂紙損耗。
- 因為打磨時容易產生飛散的粉塵，所以需要配戴口罩以及護目鏡，保護口鼻避免吸入過多的粉塵。

特性

乾砂紙：能防堵塞、防靜電、柔韌性好、耐磨度高。但不能和水一起使用，且研磨粉塵汙染多。

水砂紙：沾水打磨，柔韌性好、砂紙表面附著力強、拋光效果出色，粉塵少。如果乾磨的話可能會使水砂紙表面失去鋒利度，導致研磨效果不佳。

分有整片式和捲布式，可依需求使用。乾濕兩用，耐油汙、延展性佳，適合用在不規則曲面的物件上，不易掉砂，有些強度小的砂布可以徒手撕裂使用。

乾濕兩用，延展性佳，適合用在曲面物件上，不易掉砂。

摩擦無極限

砂紙是我們研磨材料時常用的工具，從粗磨到拋光的過程需要耐心、謹慎地操作。為了安全，需要戴口罩、護目鏡與手套，杜絕粉塵和粉屑的吸入和噴濺。做好保護措施，我們就可以一起來操作砂紙，看它能為我們帶來什麼樣的驚喜吧！

手作時間：砂紙研磨秀

我們在章節中學到不同類型砂紙的特性，和它強大的研磨功用。砂紙能將各種表面粗糙的材料，研磨成精細明亮的樣子，研磨後的效果甚至會看不出來原本的材料原貌。

觀察這疊石塊，你能看出來它的原貌是什麼嗎？

平常見到的石頭都是黑色、灰色、深咖啡色等深沉的顏色，但圖片上的石頭不同以往，它剔透明亮如同玻璃一樣，即為使用玻璃瓶打磨而成。

再看木板研磨前後對比，研磨前的木紋粗糙、色澤淺淡；研磨後再上蠟油，能讓木板表面光滑亮麗。

研磨前

研磨後

將砂紙研磨的功夫，延伸到製作器具上。除了去除表面的粗糙，也能將材料多餘的毛料和稜角磨平至圓潤，可以使用手工線鋸（P.38）在木料上切割形狀，再使用砂紙加以研磨，即可做出如筷子、梳子和湯匙等日常用品。

各式木料

設計研磨後

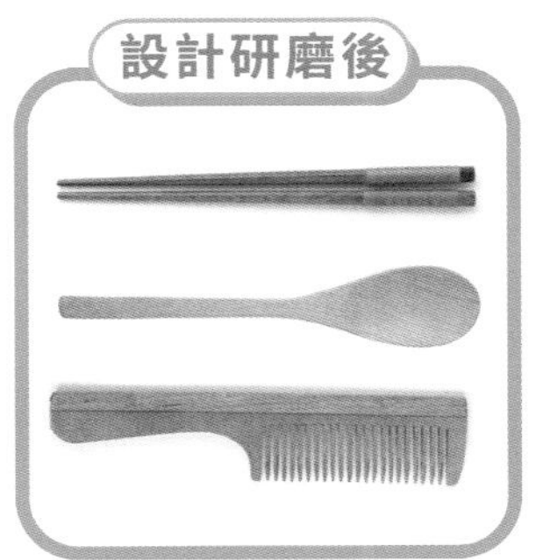

砂紙除了能研磨材料表層，還有很重要的特點——清潔和修復。生活中常見零件上的鐵鏽或鏡面上的水漬都能使用砂紙一層層研磨，將其恢復成原本光滑亮麗的樣子。

動腦時間!：砂紙變身秀

你知道砂紙除了研磨材料之外還有什麼功能嗎？

藝術領域中許多藝術家會將砂紙作為繪畫媒材的一種，因為砂紙的粗糙紋理，能讓蠟筆和油畫棒得到良好發揮。繪畫過程適度保留砂紙灰黑的底色，更能表現出作品的豐富色彩之美。除了繪圖外，可以運用砂紙粗糙表面的特性做紙雕工藝，也有會意想不到的效果喔！

運動領域中，滑板板面上會貼砂紙，因為砂紙粗糙的顆粒表面，能增加鞋子與板子的摩擦力。除了純黑色的砂紙外，有些砂紙也會印上如火焰、骷髏、動物等圖案，但這種砂紙的摩擦力會比較低。你也可以試著發揮創造力，在你的滑板上留下美麗的藝術印記。

想想看，如果為滑板貼上砂紙，細砂紙和粗砂紙個別會造成什麼影響呢？

細砂顆粒小，摩擦力小，掉砂慢，翻板更快。
粗砂摩擦力大，比較「黏腳」，但久了掉砂速度比細砂快，更容易磨損。

你也可以試看看，用砂紙研磨下面這兩樣物品，研磨前後會有什麼變化？

磚頭

寶特瓶

CHAPTER 6

鑽孔大師

—手搖鑽

手搖鑽經過鑽頭旋轉切割出圓形的孔洞，達到鑽孔的作用。

認識「手搖鑽」

手搖鑽主要用於鑽孔，其構造共分為六個部分，包含夾頭、夾爪、鑽尾、握把、旋柄，以及置物槽。以下為手搖鑽各部位的介紹。

鑽尾

鑽頭尾巴放在夾爪間，靠旋緊的夾爪固定。

夾爪

三個爪齒間彼此夾角角度為120度。

夾頭

夾緊鑽頭的部分，選轉夾頭使夾爪固定鑽頭尾部。

旋柄

旋轉旋柄，經由直齒輪讓鑽頭轉動，進而切削材料。

握把

手持握把，使手搖鑽不易掉落。

置物槽

能在裡面放各種款式的鑽頭。

安全規則

- 在使用手搖鑽時，切記勿與他人嬉戲打鬧，也不可將鑽頭朝向人體或亂鑽物品，避免發生危險和財物損失。
- 若發現無法自行操作工具時，可請他人幫忙或利用C型夾等工具協助，勿逞強自行完成。
- 在進行鑽洞時，為避免鑽破檯面，可在目標物下方加墊防鑽板或是木板。
- 請確實配戴安全護具，如護目鏡、圍裙、口罩等，手套除外。
- 請勿鑽太硬的工件或轉速太快，因為鑽頭容易變鈍。

如果夾頭無法緊固於主軸，可能是鑽頭夾頭部位磨損、鑽頭夾頭未清潔或鑽頭夾頭錐度不符。

手搖鑽的搭檔「鑽頭」

手搖鑽能根據搭配不同的鑽頭，作用在不同的材料上，也能選擇孔洞的大小和深淺。公制鑽頭上的尺寸標註單位為公釐(mm)，以羅馬數字表示號數的英制鑽頭，號數越大，其尺寸越小；使用手搖鑽加工螺絲孔時，為避免螺絲前端損傷，孔(凹槽）的深度應比螺絲鑽入長度長。

一般作業所常用的鑽頭為麻花鑽，鑽頭在安裝時會被手搖鑽夾爪緊實夾住，鑽頭結構基本分有切削端、鑽身、鑽頸、鑽柄。

1. **切削端**：主要進行鑽孔的切削，兩鑽邊的直徑為尺寸規格，鑽頭鑽削木質或軟質材料時，其鑽唇角為60度，如果鑽唇角太大或鑽唇角太小將會造成鑽頭易於**磨鈍**。

   如果鑽頭有磨損，容易在使用時產生震動而擴孔。

2. **鑽身**：**切削屑**將會延螺旋槽排出，其螺旋槽方向多為右旋，一般慣用右手或俗稱「右撇子」的人，比較適合使用右旋，在設計上以右手定則為基礎。

   如果只有一條切削屑排出，可能是鑽頭經磨損後切邊不等長。

3. **鑽頸**：頸部為鑽柄與鑽身連接處，通常做為退刀的標記點，則一般小直徑的鑽頭不會有頸部。

4. **鑽柄**：將手搖鑽夾頭確實夾在鑽柄上，固定鑽頭以利進行鑽孔，鑽頭直徑沿軸線由鑽尖向柄端微微縮小之目的是減少摩擦。

鑽頭的種類

- 適用木材，不適合金屬。
- 中心的尖刺能讓定位較準確。

木工鑽

- 適用木材、金屬、塑膠等。
- 能用作用在多種材料上，但難精準定位。

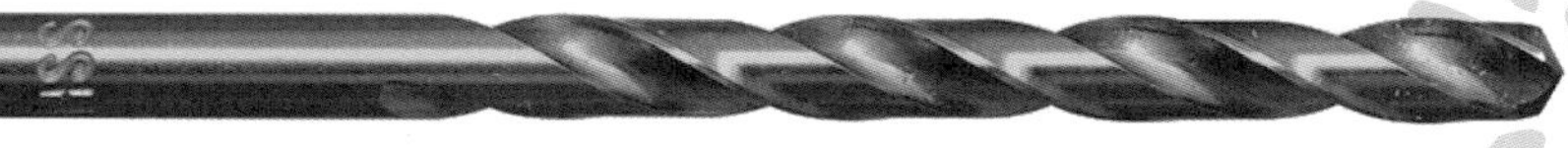

金屬鑽

- 適用牆壁水泥、石頭、磚塊等。
- 前端作扁平造型，因為要鑽牆面，所以削切端堅硬，鑽身具有韌性，避免脆斷。

水泥鑽

- 適用玻璃和陶瓷。
- 結構簡單，有著子彈型的尖頭，但切削和排屑性能較差。建議加水使用，避免飛塵。

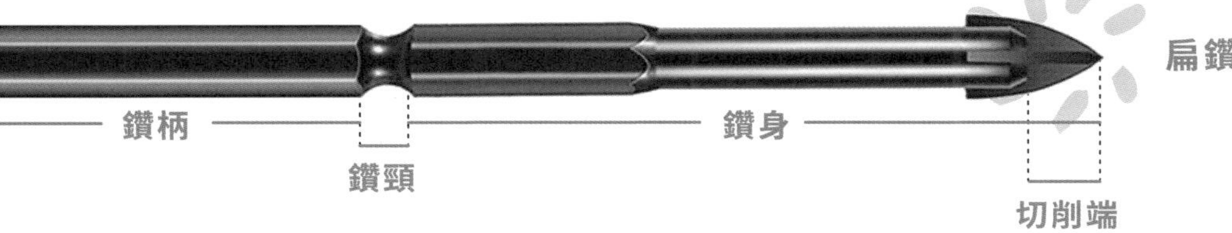

扁鑽

科學原理分析

Science

科學

- 手搖鑽為**刀具切削***之應用。
- 夾具經力的分解，可以發現其分力平衡。
- 手搖鑽運用傘齒輪、斜齒輪或冠齒輪等零件，改變施力力矩方向，以利施工。
- 切削是一種以鑽頭的中心支點、鑽頭半徑為力臂的槓桿運動。
- 鑽頭得以固定，是因為夾具夾得很緊，所以夾具和鑽頭之間的垂直力很大。
- 刀具動作可視為以鑽頭為中心的連續圓周運動。

***刀具切削**即鑽身為刀體，尖端可做校準使用，透過不斷旋轉的力切削。

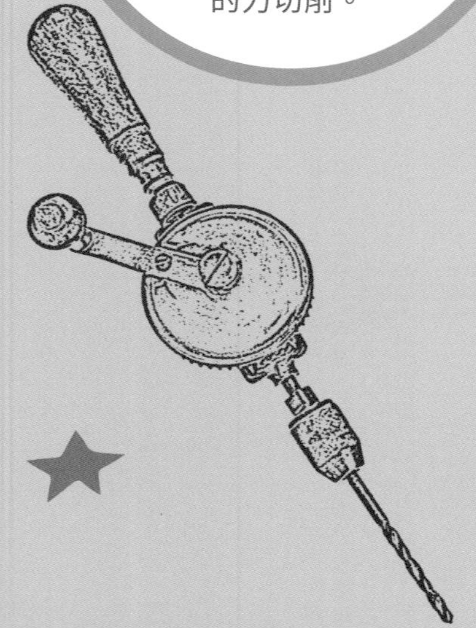

Technology

科技

- 鑽頭常見的材料有碳鋼、碳化鎢、高速鋼等。
- 鑽頭加上電動馬達、氣動裝置、偏心軸等，即成為自動穿孔機。
- 加上鋰電池儲存電力之設計，即蓄電型自動鑽孔機。
- 鑽頭切削路徑若以CNC電腦數值控制，便可以自動加工。

Engineering

工程

● 鑽頭中後段設計略寬於鑽頭大小。

● 鑽孔作業常噴灑切削液，可以用以冷卻、保護刀具、增加切削速度和進給、提昇切削面光潔度及協助材料屑輸送。

● 鑽頭可以以鑽槽、孔徑、及用途分類，其中二鑽槽即俗稱的麻花鑽頭。

● 鑽頭的斜角設計，讓材料屑藉由鑽身的螺紋往後輸送孔洞。

● 於不同材料加工時，設計有不同構造之鑽頭，如：

(1)水泥鑽頭是扁長型，鑽頭比鑽身稍微寬。

(2)木材鑽頭具中心衝可協助定位。

(3)鐵鑽切削斜面較平整，以一層層刨下鐵屑。

Mathematics

數學

● 依**投影幾何學***，圓形鑽頭切削若垂直下刀，呈現的是圓形孔洞；若非垂直下刀，則會呈現橢圓形孔洞。

● 鑽頭轉速常以每分鐘轉數(RPM)作為旋轉頻率單位，表示每分鐘轉幾圈。

● 鑽孔作業常用的頂角角度為135°～140°。

*投影幾何學就是分析物體在我們人的眼中，看到的圖像結果的科學。

Art

藝術

鑽頭在鑽槽上塗裝不同顏色，形成不同配色，可以代表不同規格或用途。

工具應用

安裝說明

在安裝時將鑽頭拿出，由握把延夾頭方向，以順時鐘旋轉方向放鬆夾頭，並將鑽柄放入夾頭後，再以逆時針方向鎖緊夾頭，夾好後試著搖晃鑽頭，如果有搖晃且並未與手搖鑽成一直線，代表鑽頭尚未夾緊，如有成一直線且不搖晃，代表鑽頭已夾緊，即可進行下一步。

固定旋柄

順—鎖緊夾頭

逆—放鬆夾頭

鑽柄進入方向

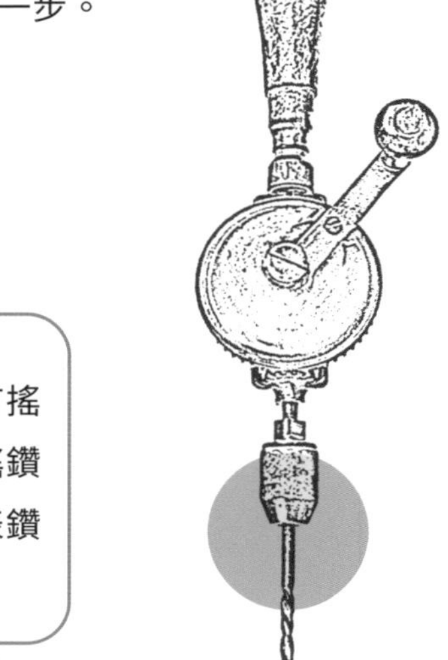

搖晃鑽頭，如有搖晃且並未與手搖鑽成一直線，代表鑽頭尚未夾緊。

搖晃鑽頭，如有成一直線且不搖晃，代表鑽頭已夾緊，即可進行下一步。

Tips 使用鑽頭時容易折斷的話，可能是因為鑽頭的排屑不良、鑽頭鈍化或進刀速度太快導致。

使用步驟

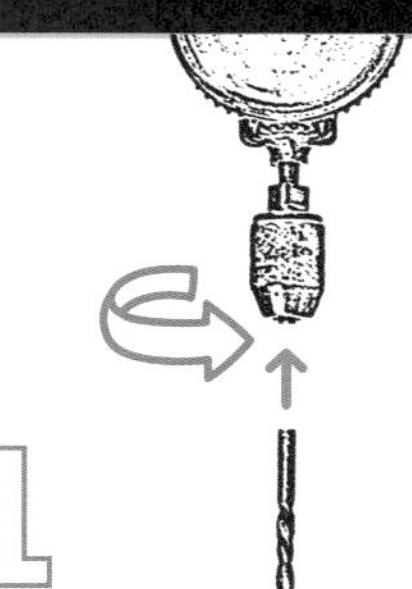

1

安裝鑽頭，確認鑽頭被夾頭夾緊，並用虎鉗固定工件。

2

鑽削前先將鑽削之位置，利用中心鑽打點做中心記號。

為什麼要使用中心鑽呢？
它的作用是什麼？
請參考影片

3

將手搖鑽垂直對準記號處，**垂直施力**。

如果是水平施力，可能造成晃動導致鑽頭斷掉，也會造成鑽孔傾斜。

如果不垂直施力，傾斜或是水平，會造成什麼影響？請參考影片

4

轉柄面對自己時先順時針慢慢轉兩三圈，再開始鑽削動作至鑽穿材料。

5

貫穿木板後，**手搖鑽旋柄以逆時針方向旋轉提出鑽頭**。

當鑽孔要即將貫穿木板時，鑽削壓力應減輕。

FINISH!

動腦時間！

試試看，在相同速度、力道、時間的情況下，手搖鑽作用在各種材料上，會產生什麼影響呢？能鑽出洞嗎？看看是否和下圖的結果一樣。

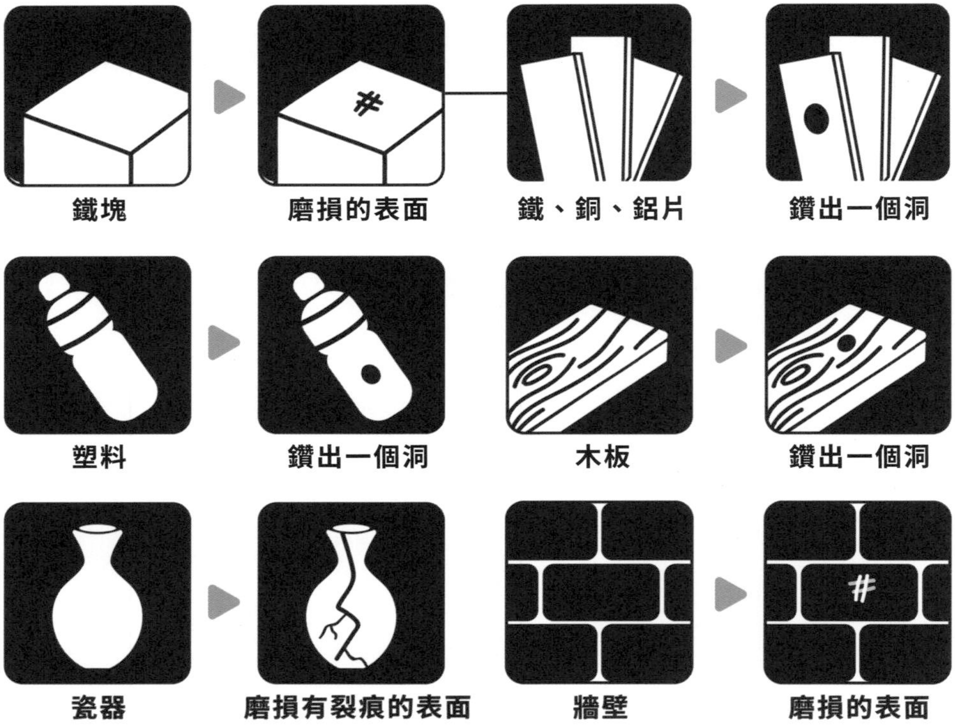

鐵塊	磨損的表面	鐵、銅、鋁片	鑽出一個洞
塑料	鑽出一個洞	木板	鑽出一個洞
瓷器	磨損有裂痕的表面	牆壁	磨損的表面

＊P102有辦法可以為瓷器打洞喔！

由結果可知，手搖鑽雖然不需要電源，能比電鑽更容易控制力道且安全，但因為轉速低扭力小，相較其他如塑料、木板等材質，鐵、水泥牆、磚頭這種堅硬的材質，需要更強大的力道和更長的時間，所以手搖鑽不適合鑽堅硬的材質。

看過鑽木材、鑽塑膠瓶……你覺得使用手搖鑽在「紙張」上鑽洞會產生什麼效果呢？

鑽孔「洞」一「洞」

學會了手搖鑽和鑽頭的構造、原理、使用方式與安全事項，不妨在家拿起手搖鑽來做更多的嘗試吧！

觀察看看，花盆底部，你注意到了什麼？

手作時間：小花園

是不是看到一個個小型圓洞，這些洞能為植物排除多餘水份，避免植物因為過多的水份積在土壤中導致爛根枯萎，所以種植花草時，都會選擇有排水孔的容器。學會使用手搖鑽的你，不用擔心無法擁有喜歡的小花盆，挑選適合的容器，鑽出一個個排水孔，自己的花盆自己打造！

依照你學到的手搖鑽知識，你覺得哪些容器的材質適合使用手搖鑽在底部鑽排水孔？

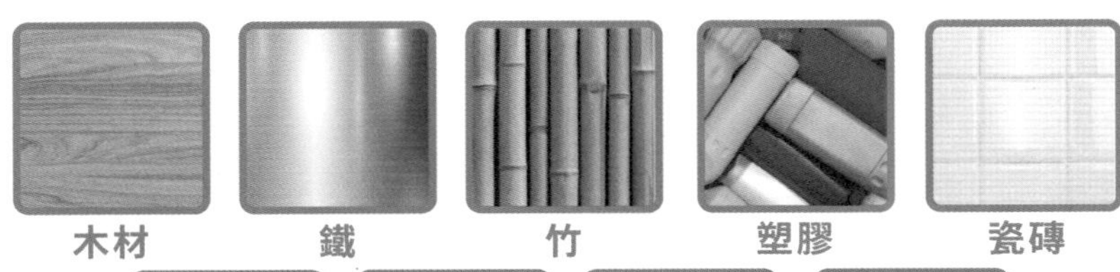

木材　鐵　竹　塑膠　瓷磚

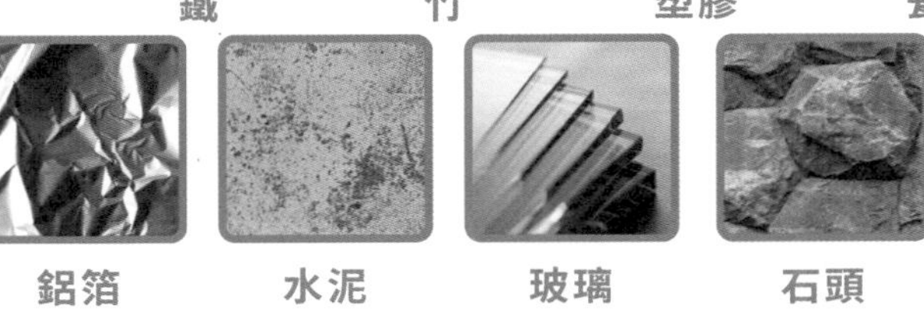

鋁箔　水泥　玻璃　石頭

答案：木材、竹、塑膠、鋁箔

依照你學到的鑽頭知識，你覺得這些鑽頭適合作用在哪種材質的容器上？可以在上面寫下你的答案。

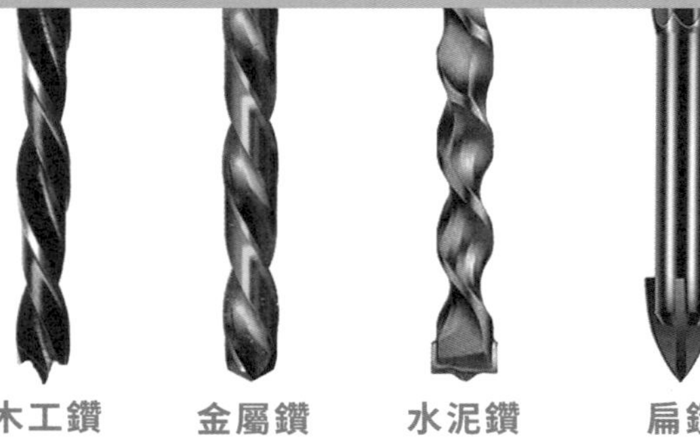

材質：

__________ __________ __________ __________

答案：詳見鑽頭的種類 P.63

選好材料和鑽頭，戴上工具手套和護目鏡，保護好手和眼睛，在施工區域鋪好墊子保護桌面的同時，事後清理排削時的削末也會很輕鬆喔！做好這些準備就可以在容器底部鑽排水洞，你看，我的排水洞長這樣，你的呢？

手作時間：洞洞板置物架

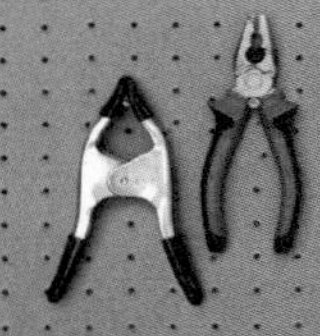

洞洞板上有許多穿透的小洞，仔細看能發現它們的大小一致、間隔一致，能在上面釘上輔助固定物件的釘子，也可以裝上木棒與木板作為支撐，依照各種組合可以在洞洞板上放置許多小物件，比如鉗子、鎚子、螺絲起子、剪刀或美工刀等工具；也可以放些手錶、眼鏡、手機或鑰匙等日常用品，將桌面整理出一個舒適的空間。

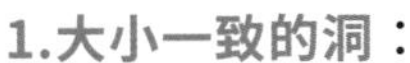

觀察看看，洞洞板，你注意到了什麼？

要使用手搖鑽製作木製洞洞板，我們需要根據剛才觀察到的現象，提出應對的方式。

1.大小一致的洞：	2.間隔一致的洞：	3.穿透的洞：
洞的大小以你使用的支撐物大小來決定，比如決定使用12mm 的木棒作為支撐物，洞的大小也該與木棒一致。	在木板上用尺規畫出等距一致的方格線，以方格交界處作為洞的位置。	木板有一定的厚度，確定好深度位置才能避免洞鑽得太淺或太深，可以在鑽頭上用**膠帶**做深度標記。

掌握這幾點，根據這章學到手搖鑽的相關知識，保護好手和眼睛，準備好墊子／木墊，就可以嘗試自製洞洞板了！

CHAPTER 7

細節高手
—— 尖嘴鉗、斜口鉗

- 認識「尖嘴鉗」
- 認識「斜口鉗」
- STEAM 科學原理分析
- 動手時間！
- 鉗子轉圈圈

認識「尖嘴鉗」

尖嘴鉗功能可分為夾與剪。夾就是利用尖嘴鉗夾住物體進行轉動、壓迫、固定。尖嘴鉗之絕緣柄耐壓為500V（伏特)，因力矩（手柄是施力臂）較長且省力，通常用於夾持小物件以及在狹小空間內操作、彎曲細電線、鉗口整平導線、作為鐵鎚的輔助固定釘子。

絕緣的作用是阻擋電流，避免觸電。但如果超過承受值，絕緣體還是會有電流流過，導致危害。

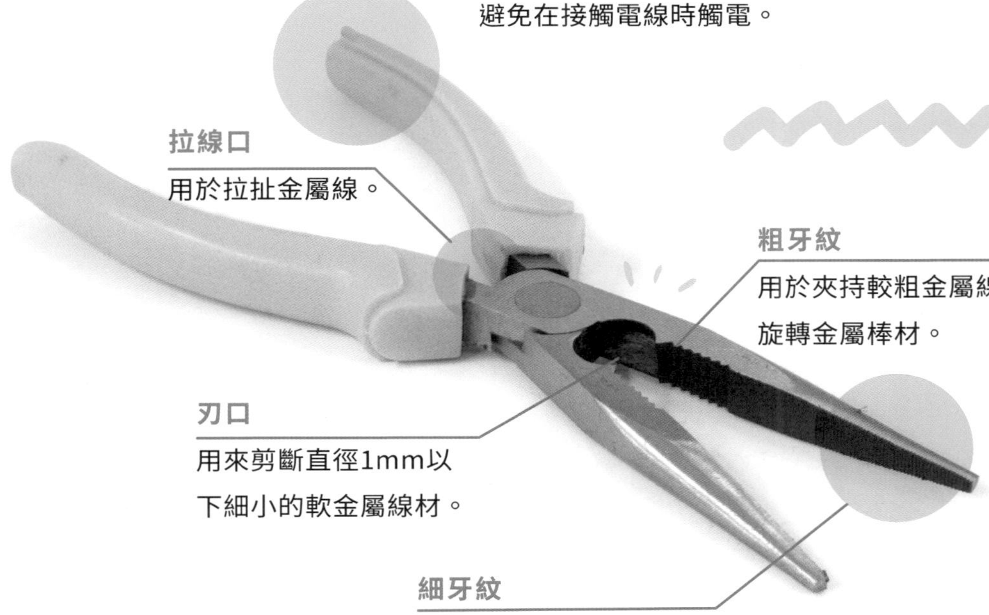

手柄

會有**絕緣套**或是絕緣手柄，避免在接觸電線時觸電。

拉線口

用於拉扯金屬線。

粗牙紋

用於夾持較粗金屬線或旋轉金屬棒材。

刃口

用來剪斷直徑1mm以下細小的軟金屬線材。

細牙紋

用於夾持及彎折金屬線。

認識「斜口鉗」

斜口鉗可配合尖嘴鉗進行剝除導線絕緣皮，最能貼近平面剪除多餘線材的工具，因為鉗口有刃口，所以不利於夾持零件的作用。

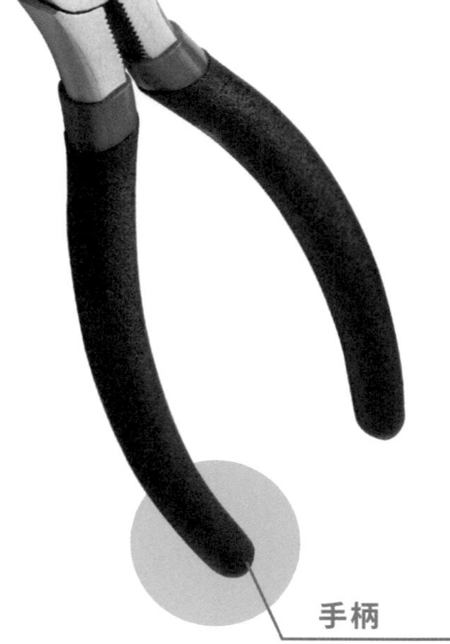

刃口

用於剪斷線徑小於1.6mm以下的電線或電子零件接腳（電子元件末端露出部分）。

剝線孔

附有Ø（圓的直徑）1.2mm及Ø1.6mm剝線孔，用於剝除導線絕緣皮。

手柄

通常都會附絕緣套，以防進行電線作業時觸電。

安全規則

- 鉗子手柄上套有絕緣層是為了避免在電路配線操作中觸電。所以絕緣層部分如有損害須即時更換工具，避免因疏失造成危害。
- 鉗子刃口不能用來剪斷鋼線或鐵線，避免剪鋒承受太大作用力受損。
- 不可將鉗子用來敲打或當板手使用。
- 使用時不可將手置於鉗子的前緣。
- 建議年幼學習者可以使用具有回彈彈簧的尖嘴鉗和斜口鉗，以利使用工具。

絕緣的作用是阻擋電流，避免觸電。但如果超過承受值，絕緣體會變成導體，導致危害。

動腦時間！

如果想用斜口鉗將冰棒棍分成兩半，輕輕剪斷與大力剪斷，哪一種比較不會讓冰棒棍裂開呢?

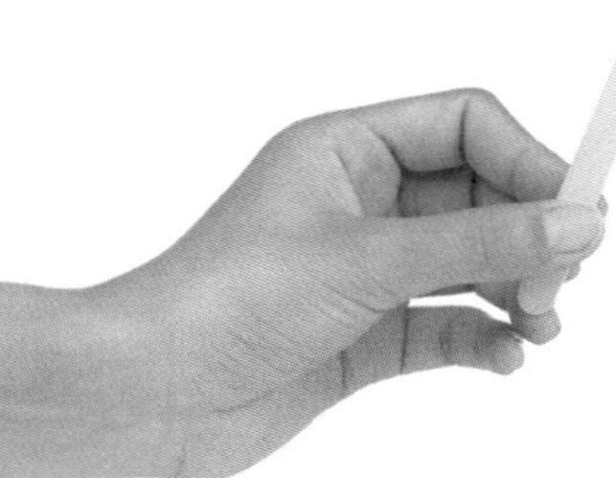

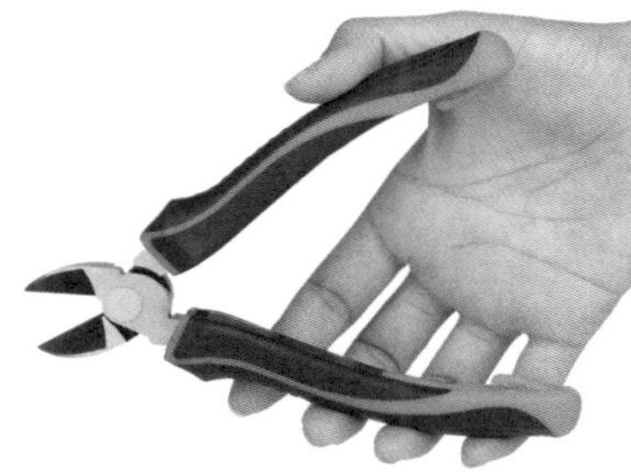

斜口鉗給冰棒棍造成的作用力，可以分為正向力與朝向刀口的推力。其中，推力會造成冰棒棍的纖維往前推，是造成冰棒棍崩裂的主要原因。

輕輕剪斷時，因為力道較輕，造成的推力比較小，導致推力作用時間較長，使冰棒棍纖維推移距離較長，纖維會一條一條依序慢慢斷裂，反而容易造成冰棒棍斷裂。

大力剪斷時，因為作用力變大，推力與正向力會同時變大，推力作用時間變短，冰棒棍纖維推移距離也變短，纖維會幾乎同時斷裂，所以不容易裂開。

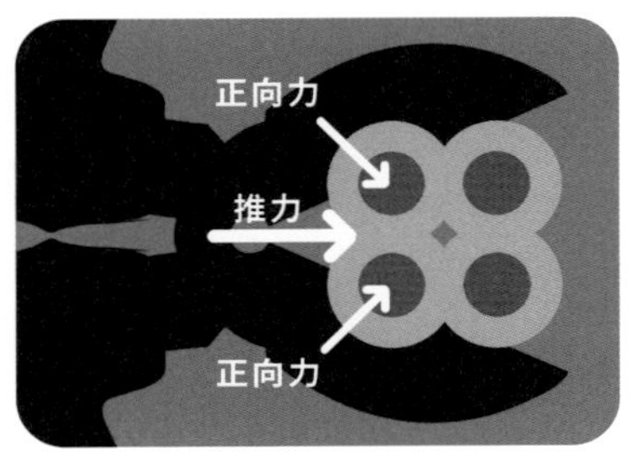

斜口鉗一剪切時冰棒棍崩裂的原因！請參考影片

Science

科學

- 鉗子設計為支點在施力及抗力點間的槓桿應用*。
- 鉗子為達省力目的,其施力臂(手柄)常遠大於抗力臂(刃口)。
- 鉗子保養以油覆蓋於表面隔絕空氣,避免表面氧化鏽蝕。
- 抗力臂與材料接觸面積極小,是為了增加單位面積之作用力用以分離材料達到切割之效果。

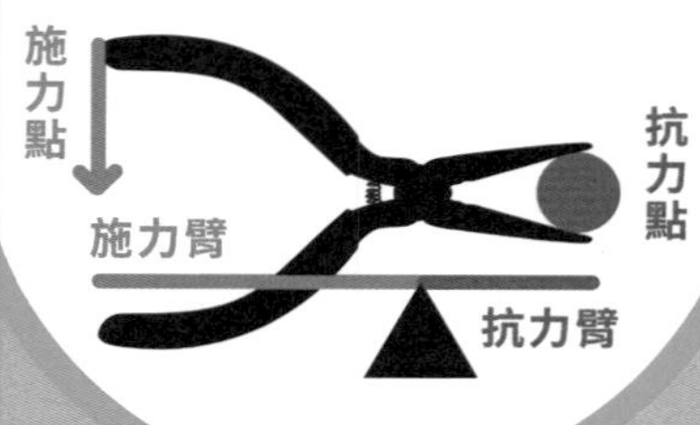

Technology

科技

- 若於鉗子加以氣壓管路連結,即成氣壓鉗,更省時省力。
- 為符合人體工學,鉗子施力臂多為流線設計。
- 為了使用者施力方便,其施力臂多以防滑材質包覆。
- 電工用斜口鉗多設計有剝線孔之設計,且強化絕緣措施。

Engineering

工程

- 斜口設計讓使用者剪裁不必將工具垂直於切斷面。
- 握把吸震橡膠設計，避免抗力臂作用力過度回饋，造成使用者手痛或職業傷害。
- 電工用斜口鉗剝線孔多為直徑1.2mm及1.6mm電線專用。
- 斜口鉗兩面刀刃為對稱切削（刀刃對稱），避免金屬線材變形。

Art

藝術

鉗子廣泛應用於手工藝，如金工、模型、袖珍藝術等。

Mathematics

數學

- 力臂之長度與垂直力臂之作用力呈反比（在手柄上施的力越大，鉗口越容易打開）。
- 依斜口鉗刃口角度，可推論使用者手持工具之角度。

工具應用

使用步驟

在使用鉗子時，手部只需要做到握緊以及放鬆，鉗子將會依據固定的方向活動，可做到固定、剪切與剝線等動作。

1

雙手將鉗子拿起，依據所想使用銅線長度來調整。

2

刃口夾住銅線外絕緣皮，以尖嘴鉗夾緊，銅線不可切斷。

3

斜口鉗開始微微施力增加至適當力道，則力道不可大到剪斷銅線，並同時稍微轉動斜口鉗。

4

看見斜口鉗在絕緣皮上有輕微的刀痕。

5

雙手鉗子開始向剝線方向拉動，斜口持續轉動。

FINISH!

銅線出現後，即完成剝線工作。

操作鉗子

尖嘴鉗可以夾取物件、彎曲鐵線和鋁線；斜口鉗可以切斷材料，試試看，哪些物件適用於你的鉗子。

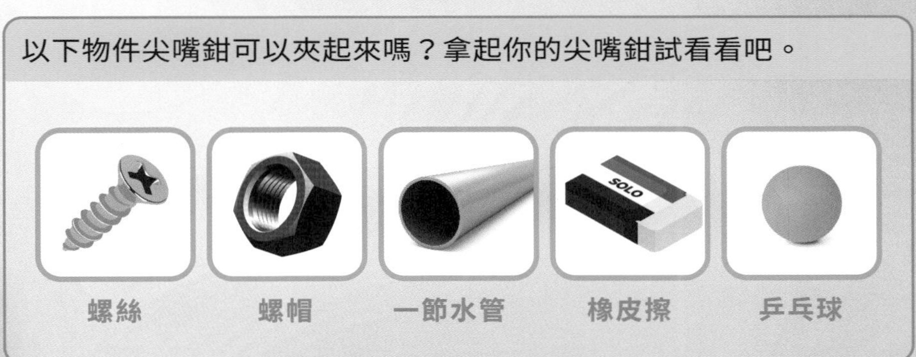

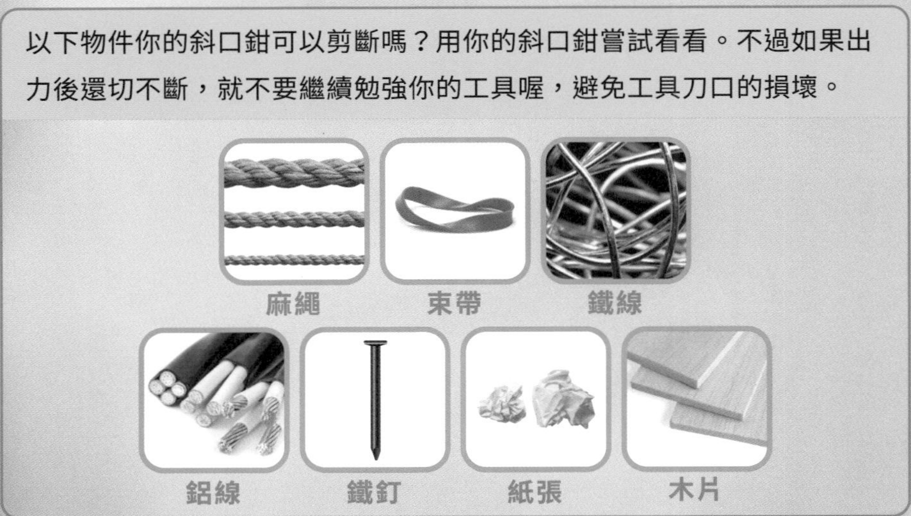

＊剪切物件時記得「物件端朝下，不要面對自己」，最好戴上護目鏡保護眼睛。

鉗子轉圈圈

學會了尖嘴鉗和斜口鉗的構造、特色、使用方式與安全事項，在家也可以使用鉗子來做更多的嘗試！請注意！操作時最好有家長或老師陪同，注意安全規則(P.74)喔！

手作時間：剝電線皮

觀察看看電線構造，你注意到了什麼？

電線外面包覆著PVC(聚氯乙烯)材質的管子，他有切割的痕跡並露出了電線。PVC是柔軟且耐腐蝕的材質，常用在包覆電線、裝潢、滾輪等日常用品上。當我們要切開PVC表皮取得裡面的電線時，即可依照P.78教導的使用步驟使用尖嘴鉗「固定」電線，並用斜口鉗刀口「切割」外皮，以此剝除電線皮。

試試看，除了使用斜口鉗和尖嘴鉗，以下哪些工具也可以剝離電線皮？

釘書機

剪刀

美工刀

指甲剪

＊遵守安全規則，在切割電線時務必沒有外接電源，且確保工具有絕緣不觸電。物件本身沒有絕緣套的話可以使用紙張、布料或是戴乳膠手套來絕緣。

手作時間：鋁線七十二變

觀察看看，這個手工藝，你注意到了什麼？

這是使用鋁線塑型的手工藝品。鋁線有容易彎曲、定型且不易生鏽的特性，因為韌性高不易折斷還有很多顏色選擇，在夜市或觀光場所，常會看到販賣鋁線製成的手工藝品攤位，有姓名吊飾、動物、恐龍、花束等。

鋁線塑型需要掌握物品的形狀和特徵，才能做出唯妙唯肖的工藝品。請先仔細觀察物件的特徵，再使用尖嘴鉗彎曲鋁線塑型，最後可以加上珠子、鈕扣等裝飾豐富成品。

觀察

蝴蝶有四片翅膀，中間為軀體還有上翹兩根觸角。

觀察

人靠腿部站立，透過軀幹連結頭部與四肢，軀幹比其他地方都粗，跳舞的人的肢體動作會比較大。

設計思路

用四個圓圈代表蝴蝶四片翅膀，中間軀體可以找珠子或方塊做裝飾。

設計思路

頭部做成一個圓形，並分出四條鋁線作為肢體，軀幹部分比較粗，比較需要考慮腳的平衡。

透過觀察和嘗試，你也可以使用鋁線製作喜歡動物、植物，也可以凹折出籃子、小椅子等物件，或是將自己的名字做出來成為掛件也是不錯的選擇。

觀察左邊的圖形，你認為幸運草有哪些特徵？將它寫下來。

____

____

____

認識「螺絲起子」

STEAM 科學原理分析

動手時間！

螺絲起子妙妙屋

旋轉舞者

— 螺絲起子

認識「螺絲起子」

常見的螺絲起子有十字頭與一字頭，會依照對應的螺絲孔位進行旋緊或旋鬆的輪軸應用。

螺絲起子可視為在同一軸心上由不同的圓形所組成，大圓為輪，小圓為軸，輪軸是一種槓桿的變化。槓桿的三要素以軸心為支點，施力點為輪半徑，抗力點為軸半徑。生活中有許多像螺絲起子一樣的槓桿原理，例如：喇叭鎖、削鉛筆機、方向盤等。

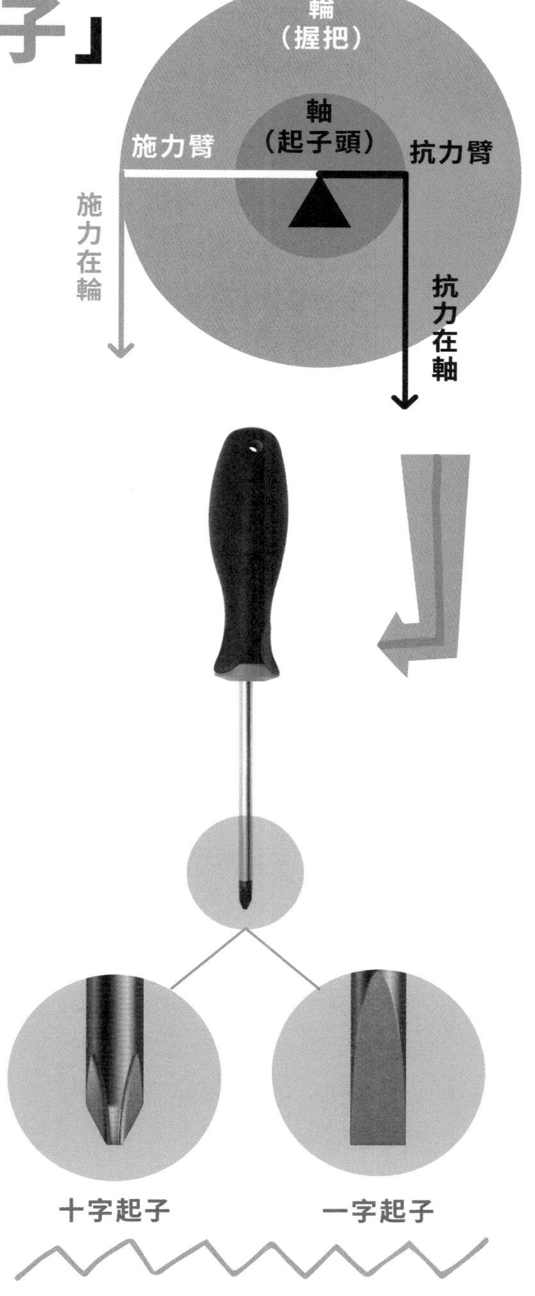

安全規則

- 在使用螺絲起子時，切勿兩隻手同時操作螺絲起子。需一手按壓被鎖物，另一手握緊握把旋緊螺絲。
- 使用螺絲起子時，切勿玩耍，將螺絲起子當飛鏢射或嬉戲打鬧。
- 螺絲與螺絲起子有分十字或一字，需針對相同形狀的起子進行作業，請勿不當正確使用工具。如果用非對應的起子工作，可能導致螺絲頭的損壞。

螺絲起子的搭檔「螺絲」

螺絲材質有金屬或塑膠，用於緊固兩個物體或是固定一個物體的位置，多呈圓柱體，圓柱體上有螺紋，螺紋為斜面應用，螺絲起子靠著螺紋將螺絲旋緊在物品內。

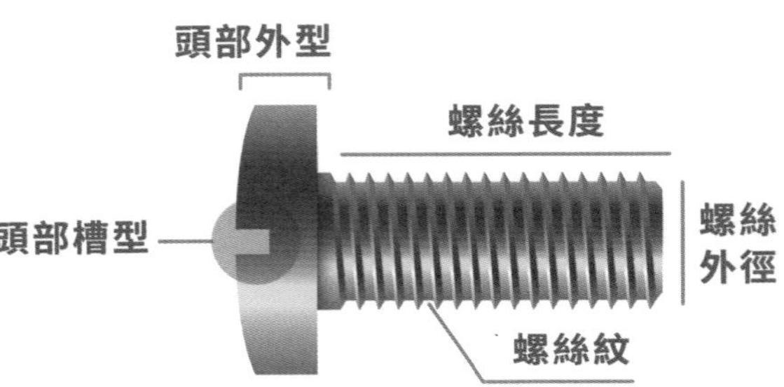

螺絲的種類

螺絲起子和螺絲為相輔相成的關係，螺絲的頭部造型有多少種，螺絲起子的頭部也會跟著變化，有些少見的螺絲是用在防止篡改或防盜的器具中，如S型防盜螺絲，螺絲起子只能單向旋緊，無法再旋出。

以下提到是較為常見的螺絲類型，以它的頭部平整與圓弧為區分，分有平頭螺絲(又稱皿頭螺絲)與圓頭螺絲；螺絲的尾端可以分為自攻螺牙與機械螺牙——自攻螺牙尾端為錐形，方便鑽入物體沒有螺紋的孔洞，常用在木材類或塑膠件。但還是推薦先用鑽頭鑽出引孔後再將螺絲旋入，較不會破壞物件表面。

鐵板自攻螺絲的尾端很像鑽頭，呈T型特殊設計，可用在鐵板上，不用先做引孔，可以直接使用電鑽鑽入鐵板內部固定，又稱鑽尾螺絲。

機械螺牙尾端為平面，須與螺紋孔洞配合，佐以螺帽能更穩定器物間的連接，常用在大型家具或是機械器具上。

平頭螺絲

鎖緊後會沉到被鎖物下，或與被鎖物齊平。在固定物件的同時不會造成物件表面有突起，同時達到功能與美觀的需求，所以平頭螺絲常用在不允許有螺絲禿起的物件上，以防使用時有碰傷、劃傷的危險，如桌子、長椅、書櫃、櫥櫃等。

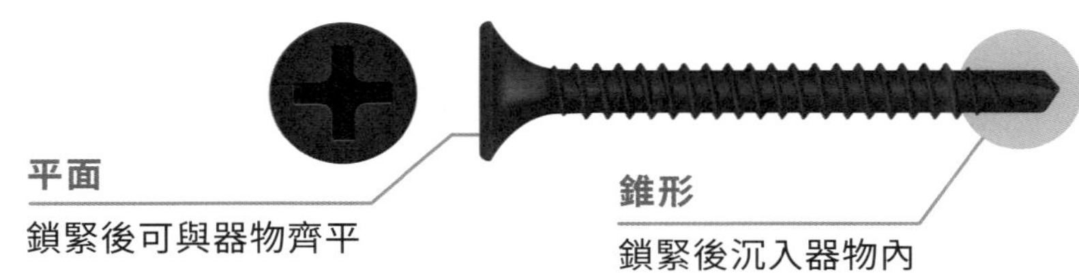

圓頭螺絲

螺頭呈圓弧形，圓弧形的外表除了美觀外也有助降低衝擊時的衝力，常應用在機械螺牙上，因為其平坦的底部，能讓螺絲具有較好的結合力，並避免螺絲被鎖過頭。常用來連結鐵製用品，如電腦主機板外殼等。

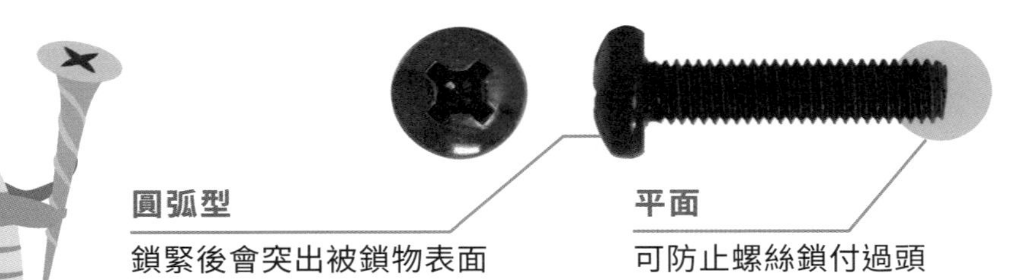

Science

科學

- 螺絲退出孔洞時，是斜面原理之應用。
- 轉動螺絲起子時，即為槓桿原理之應用。
- 螺絲起子握把越大，會越省力。

Technology

科技

- 螺絲起子配合套筒設計，得以處理各種尺寸螺絲作業。
- 起子頭以磁性材質製作，得以吸附螺絲，以便蒐集螺絲及後續作業。
- 螺絲材質常見的有低碳鋼、合金鋼、青銅等。
- 螺絲起子結合電動或氣動馬達，形成半自動手工具。

科學原理分析

Engineering

工程

- 螺絲孔大小及螺絲型號、內外徑之選擇應搭配合宜。
- 依螺紋種類而分，三角螺紋為60度；方螺紋為90度。
- 選擇螺絲孔距、長度應考量材料特性及整體結構，選擇合適距離進行施工，以維持整體強度。

Art

藝術

- 螺絲本身之精準度即為金屬工藝展現。
- 螺絲之螺帽、螺柱等規格設計與選用，即施作者工程藝術展現。
- 螺絲螺線的整體紋飾，是斜線變形幾何之美。

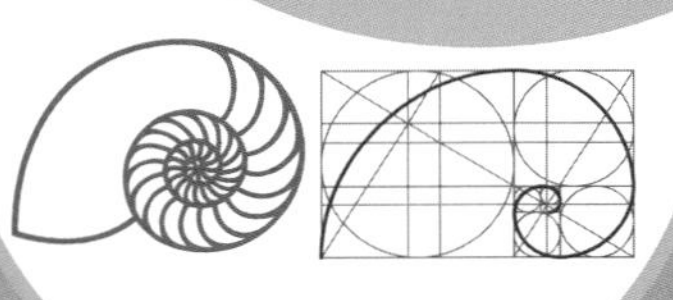

Mathematics

數學

- 螺帽之形狀通常為簡單幾何圖形。
- 螺線具幾何性質，依其不同性質可能為等速螺線、雙曲螺線、圓內螺線、等角螺線等。
- 螺絲規格有分公制及英制單位。

工具應用

使用步驟

螺絲起子用於該形狀螺絲進行鬆開及旋緊，通常起子在鎖螺絲時，順時鐘為鎖緊，逆時鐘為放鬆，如圖所示。

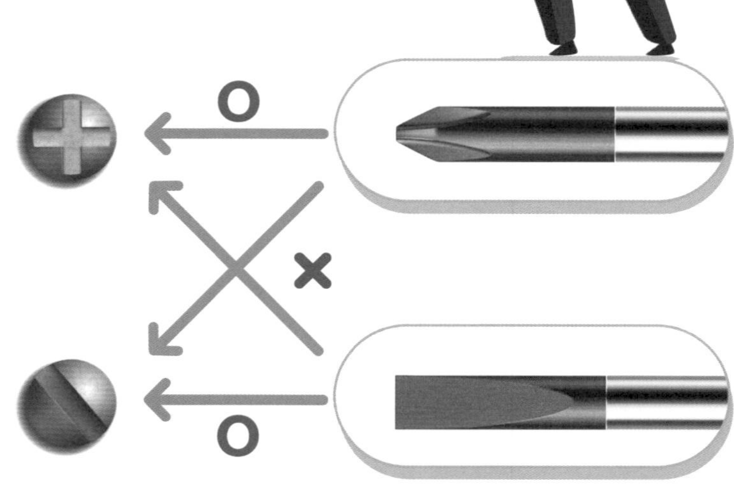

拿起對應螺絲形狀的螺絲起子。

操作前再次確認螺絲尺寸與形狀，以免弄傷螺釘槽。

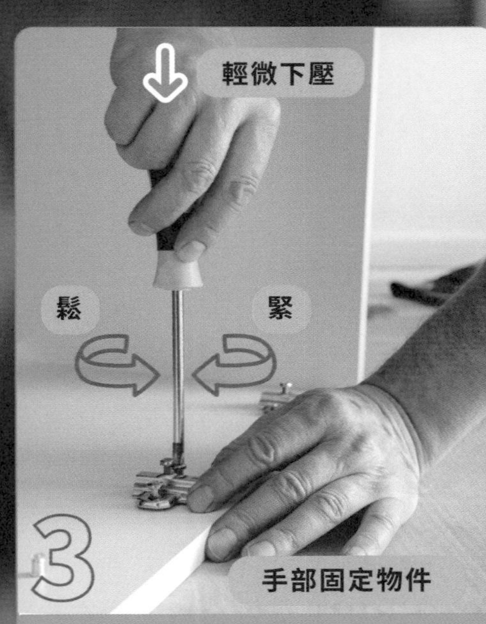

在旋緊時需一邊下壓施力，一邊旋緊；同時固定物件。

FINISH!

螺絲起子妙妙屋

學會了螺絲起子與螺絲之間的關係和構造、特色、使用方式與安全事項，在家也可以使用螺絲起子來做更多的嘗試！你知道嗎？螺絲起子除了能將螺絲旋進旋出外，其實它還是個神奇魔法棒，有其他意想不到的妙用！

磁力魔法

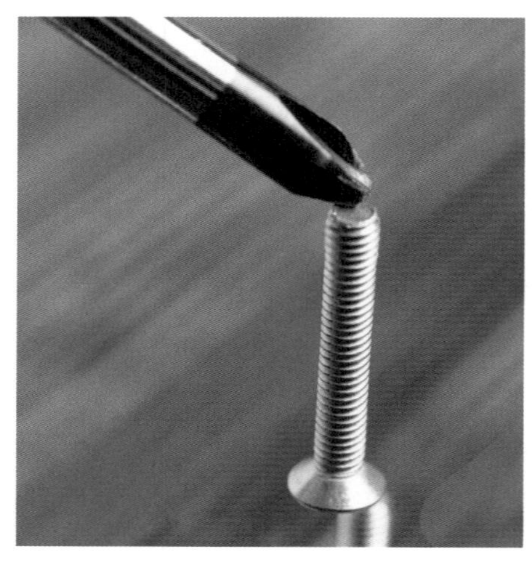

現在市面上的螺絲起子都會在起子頭的部分加入磁性，這樣在使用較小的螺絲時，螺絲能因為磁性而穩當的吸附在起子頭，不用擔心螺絲會因為意外而掉落。但螺絲起子放置久了，磁性會逐漸消失，你知道當磁性消失時有什麼辦法能恢復磁性嗎？

磁化效應	用磁鐵使鐵製物品具有磁性的效應。鐵具有磁性，只是內部分子結構凌亂，磁性的正負兩極互相抵銷，所以需要磁鐵引導，鐵分子變得有序即能產生磁性。

從磁化效應的說明能了解，如果我們要使螺絲起子恢復磁性，只要使用磁鐵摩擦起子頭就可以了，你只要掌握使螺絲起子「**內部分子變得有序**」這點，就可以嘗試尋找有沒有其他辦法也使螺絲起子恢復磁性。

再想想看，如果要讓螺絲起子的磁性消失，有什麼辦法能使螺絲起子的「內部分子變得凌亂」？可以嘗試以下方法觀察看看。

用火烤	**泡水裡**	**摔**

將起子頭來回烤一下	將螺絲起子浸泡一段時間	重複摔幾次螺絲起子

＊用火時需有大人陪同

分身魔法

螺絲有平時常見，會用在組裝家具時的中型螺絲，有在工廠大型機械上看到的大型螺絲，也有生活中眼鏡或手機上看到小型螺絲，大大小小的螺絲有很多，有可能會碰上身邊沒有匹配的螺絲起子的情況，這時候該怎麼辦呢？

我們先觀察看看螺絲的樣子

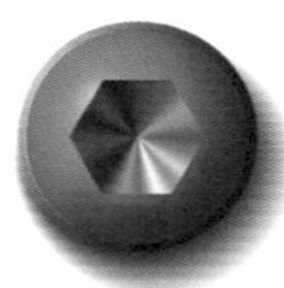

我們可以看到螺絲的孔洞有很多種，有六角形、十字形和一字形，在旋轉螺絲時會依照孔洞的形狀來搭配不同樣子的起子頭，如十字形螺絲使用十字螺絲起子，一字形螺絲使用一字螺絲起子，有時候也會使用一字螺絲起子來旋轉十字形的螺絲，這是因為一字螺絲起子能順利插入十字形螺絲的橫槓中。

試試看，你覺得以下哪些工具是可以取代螺絲起子旋轉螺絲的？

指甲

硬幣

迴紋針

鉗子

髮夾

悠遊卡

黏著魔法

觀察看看兩個螺絲的樣子，有什麼不一樣？

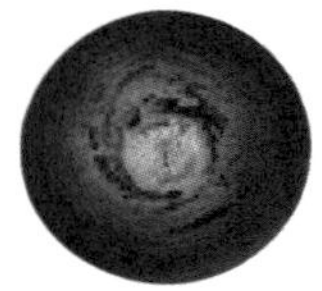

我們能看出左邊的螺絲頭是正常的十字形螺絲，但右邊的螺絲頭形狀已經看不清楚，這種現象稱為螺絲**滑牙**（又稱**崩牙**），當旋轉螺絲時因為操作不當使得頭部凹槽變形，就會導致使用螺絲起子也無法將其轉動，這時候該怎麼做呢？

首先，要先了解兩點：

- 螺絲是靠斜面原理旋轉進行旋出和旋進。
- 螺絲孔位的凹槽是用來固定工具和螺絲間的一大因素。

螺絲崩牙的情況會導致第二點無法成立，需要我們想辦法讓工具「**固定**」在螺絲頭上，才能將螺絲旋出孔位。

可以運用「黏性」將工具固定在螺絲頭上，例如膠水、熱熔膠、三秒膠等。將膠水滴在崩牙的螺絲頭上，再把螺絲起子按壓在滴了膠水的螺絲頭，靜置幾十秒等膠水乾之後，會發現膠水的黏性能固定住螺絲起子與崩牙的螺絲，這時即可擰動螺絲將其旋出。

Tips

螺絲會崩牙有可能是轉得太緊，或是使用不適合的起子頭強硬旋轉，導致破壞了螺絲的凹槽，才會導致崩牙，所以在旋轉螺絲時記得要使用匹配的工具喔！

CHAPTER

9

鋼鐵大力士

—鐵鎚

認識「鐵鎚」

鐵鎚之STEAM角度分析

動手時間！

鐵鎚敲厲害

認識「鐵鎚」

鐵鎚又稱鎚子或榔頭，是人類最早開始使用的工具之一。可以用來敲打、砸開、矯正物件。鐵鎚能用敲打的方式使材料更加緊密，可以固定釘子、鍛造，加強力道後也能敲碎物件。鐵鎚最容易傷及金屬物件表面，操作時可以使用較軟的材質保護。鎚柄在1/3處微微縮小，主要目的是用來減震，降低敲打物件時產生的**反作用力**，防止手腕因長時間揮動鐵鎚而受傷。

牛頓第三定律：兩個物體間之間會有作用力與反作用力，其大小相等，方向相反。

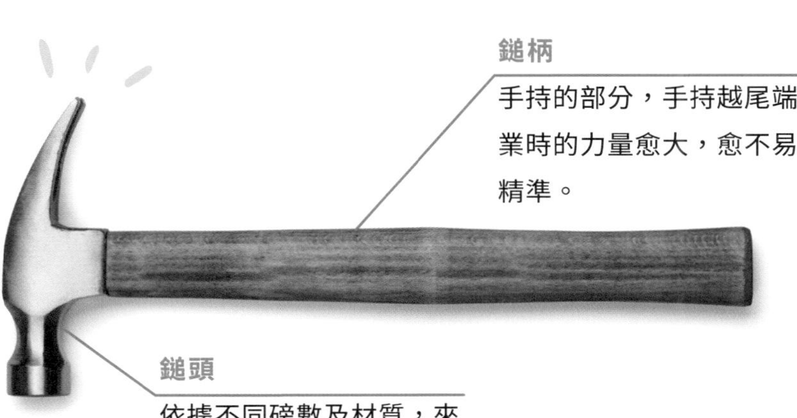

鐵鎚的類型

一體成形

鎚頭、柄身及握把處為一體結構，避免鎚頭因故和柄身分離，造成意外。

多件組合型

鎚頭、柄身及握把處分別製造再組合而成，是較為傳統的製作方式。

安全規則

- 若發現鎚頭與鎚柄連接處有鬆動或脫落之情形，請勿繼續使用。
- 使用鐵鎚時，切記勿與同學之間嬉戲打鬧，或是將鐵鎚當武器，避免發生危險。
- 請勿用鐵鎚敲打物件以外之物品，以免破壞到其他公共設施。
- 使用鐵鎚時，應注意周遭情況，避免在揮動鐵鎚時誤傷他人。
- 鎚柄若出現不平整之狀況，為了避免被木屑刺傷，請將鎚柄磨至平整後再使用。
- 鎚面出現磨損、碎裂時，應即時修整或更換，避免損壞的鋼面或飛濺物造成意外傷害。
- 使用鐵鎚敲擊物件時，反作用力也會回饋到手腕處，長期敲擊的話手部容易累積疲勞，姿勢不正也易造成手腕傷害，因此在使用過程中也須注意姿勢問題和操作時間。

鐵鎚的親戚

鐵鎚用於敲打工具能運用在許多物件上，但因為製造材料的不同，也會導致文字寫法上的區別喔，如「槌」主要指的是以木材與非金屬製造，而「鎚」主要指的是以金屬製造，兩者的實際用途也有些區別，這裡介紹一些市面常見的鎚子與槌子，你可以依照需求挑選合適的敲擊工具。

橡膠槌

槌頭使用較硬的塑膠，在加工、組裝的時候，為了不傷害表面，會使用橡膠槌來進行敲擊。
因為使用的材料較軟，能夠吸收絕大多數的衝擊。

羊角鎚

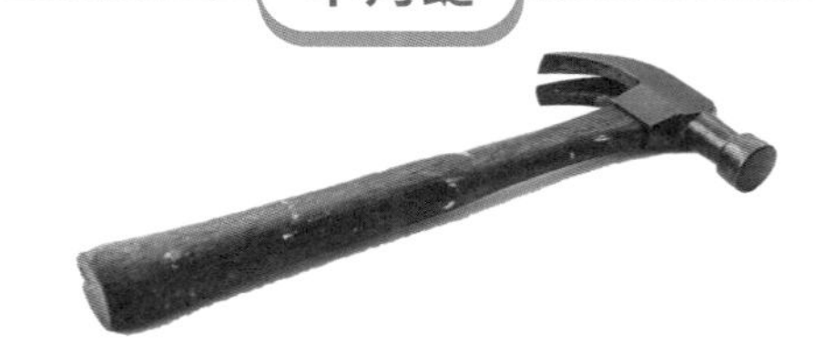

外形特徵為頂部不形成直線，而是向下彎曲，並在中間分裂成為V字形，可做為釘拔使用，另一側鎚面為圓形。
鎚頭中穿孔後接木柄。主要為敲擊用途，廣泛使用於木工、鐵工等各種專業工別及居家維修。

木槌

用硬木製成，通常用於木材雕刻或敲擊樂器上。法官在法庭上使用的也是木槌喔。

Science

科學

- 鎚頭多為鍛鋼材質，鎚身為長柄木頭。
- 鎚身做長柄，除了節省力氣也是為了延伸、擴大手臂敲擊的力量，並避免手部與敲擊面碰撞，減少傷害。

Technology

科技

- 鎚身的包膠設計是用來防滑的。
- 鐵鎚頭做凹槽有磁吸，可以吸住釘子，因此不用手持，即可將釘子釘入物件內，也減少敲到手的危害。
- 為將鐵鎚加入動能，鎚頭的磁力吸住釘子，產生的衝擊力能迅速的釘入釘子。

斗學原理分析

Engineering

工程

- 依類型特徵與功能，鐵鎚分有：羊角鎚、農務鎚、鐵匠鎚、球頭鎚、鏨工鎚、大鎚、軟面鎚、圖釘鎚、砌磚鎚等。
- 有類似於瑞士刀一樣的設計：在鎚身開口摺疊放入許多種類的工具，如鉗子、螺絲刀、開瓶器、鋼刀等。

Art

藝術

能用鐵鎚打造家具桌椅與刀片劍身。

Mathematics

數學

鎚頭的重量越重，破壞力越高，雙手揮動鐵鎚能有更大的力量輸出。鐵鎚中常見的長鎚柄，就是為了使用較長的力臂產生強大力矩，達到最高的衝擊力。

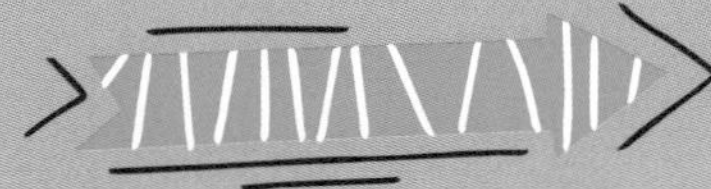

工具應用

使用步驟

使用鐵鎚時，人施予同樣力量，手握離鎚頭越近，敲打時釋出力量越小；手握離鎚頭越遠，敲打時釋出力量越大。

拿起鐵鎚。

檢查鐵鎚是否有鬆動、脫落及鎚柄不平整之情形。

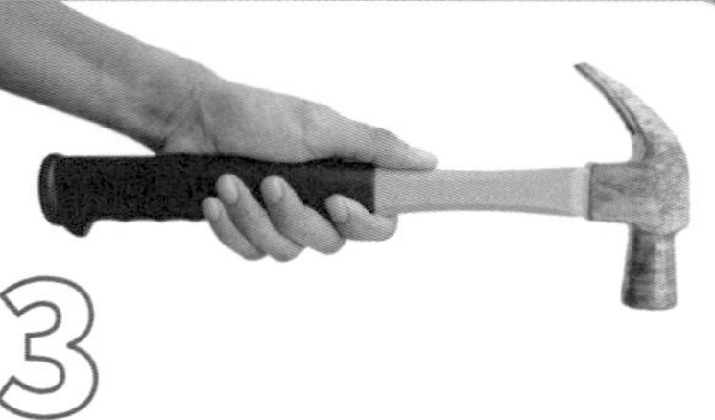

針對不同物件，將手握至鎚柄適當位置。

一手扶持物件，一手握住鐵鎚，進行加工。

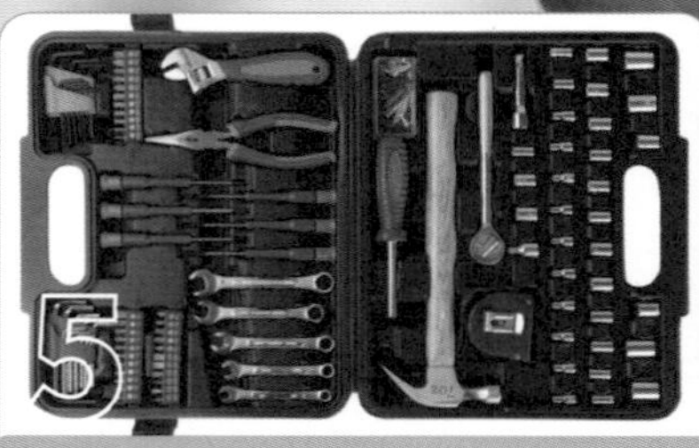

加工完成後將鐵鎚放置工具箱內。

FINISH!

我們敲釘子時，時常靠手扶住釘子固定位置，鐵鎚落下時容易鎚到手指導致受傷。如果真的不小心遭到鐵鎚傷手的意外，一定要及時冰敷。熱敷會導致血管擴張，反而讓瘀青和腫脹變得更加嚴重。冰敷後如果傷口沒有好轉，必須及時就醫，請專業醫生處理。

目前市面有手指保護夾、磁吸釘子、擁有釘子彈匣的鎚子等發明來避免手指受傷的危險。如果你身邊沒有上述那些保護道具，你該如何運用目前所學的工具，協助你固定釘子免於傷害？仔細想想看，哪個工具是能「夾住並固定」物件的？怎麼做？

鐵鎚敲厲害

鐵鎚用於敲擊東西非常有力且高效！但同時如果不謹慎使用，也會造成嚴重的傷害。操作時適當用工具輔助，避免敲傷手指頭喔！當你已熟記鐵鎚的注意事項後，不妨實際操作看看吧！

手作時間：開眼馬克杯

你是否常看到漂亮馬克杯而有購買的衝動，卻因為馬克杯已經夠用而捨不得買？又或是家裏囤放許多親朋好友，在生日時後送你的馬克杯禮物，卻只能在櫃子裡積灰塵。是時候該把馬克杯拿出來了，只需要你出個力，就能為馬克杯賦予新的意義！

第六章提過手搖鑽作用在各種材料上的影響（P.68），手搖鑽在瓷器上較難鑽出完整的洞。現在我們使用鐵鎚探索進階版的鑽洞方式！

觀察看看，我們準備的這些材料和工具，要如何將馬克杯底打出一個洞？這三個材料彼此間有什麼關係？該如何使用才能降低鐵鎚敲出破碎洞口的失敗機率？

裝滿水的桶子

馬克杯

毛巾

小提示：與壓力有關

Tips 可以將毛巾填滿杯子內部，並放入裝滿水的桶子裡，因為敲擊會產生壓力，毛巾和水都能阻擋壓力避免瓷器杯子被敲碎。

下面有兩種螺絲起子，一字螺絲起子和十字螺絲起子，你覺得哪個起子頭會更適合用來做鐵鎚敲擊的支點？可以自己試看看，但在操作時要注意安全，需要有個人在旁邊協助你固定材料喔！

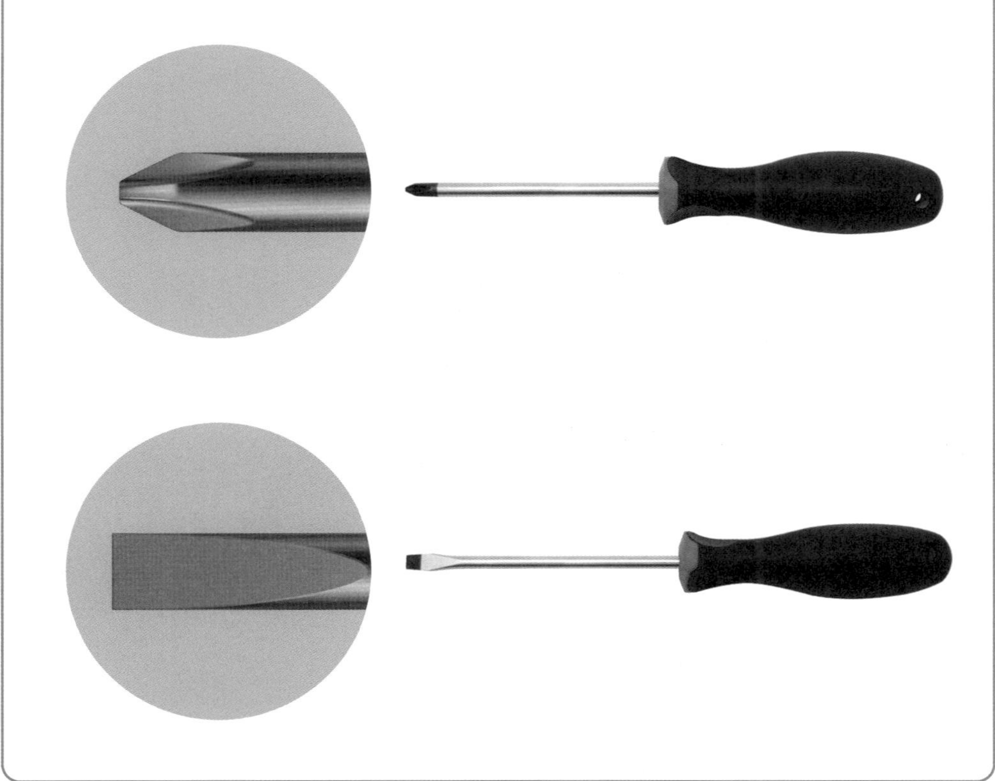

使用鐵鎚敲擊在螺絲起子上鑽馬克杯底的洞時，要注意力道，不要一次敲太大力，多次敲擊才有利開孔，也不會因為力道過大導致瓷器碎裂。完成的馬克杯花盆，除了當室外擺設，也適合擺在家中增添綠植美化空間。

認識「熱熔膠槍」

STEAM 科學原理分析

動手時間！

百變怪熱熔膠

黏貼專家

— 熱熔膠槍

認識「熱熔膠槍」

熱熔膠槍是一種熔接工具，熱熔膠的形狀有棒狀、顆粒狀和薄膜狀，一般使用40W、60W、80W。熱熔膠在常溫下為固體，加熱到一定溫度時熔融成流體黏合器，將板材、塑料做黏合使用。脫離加熱裝置後，會迅速冷卻固化，黏合速度快的通常為無色透明或半透明；棕褐色或彩色的熱熔膠可能會降低黏性。

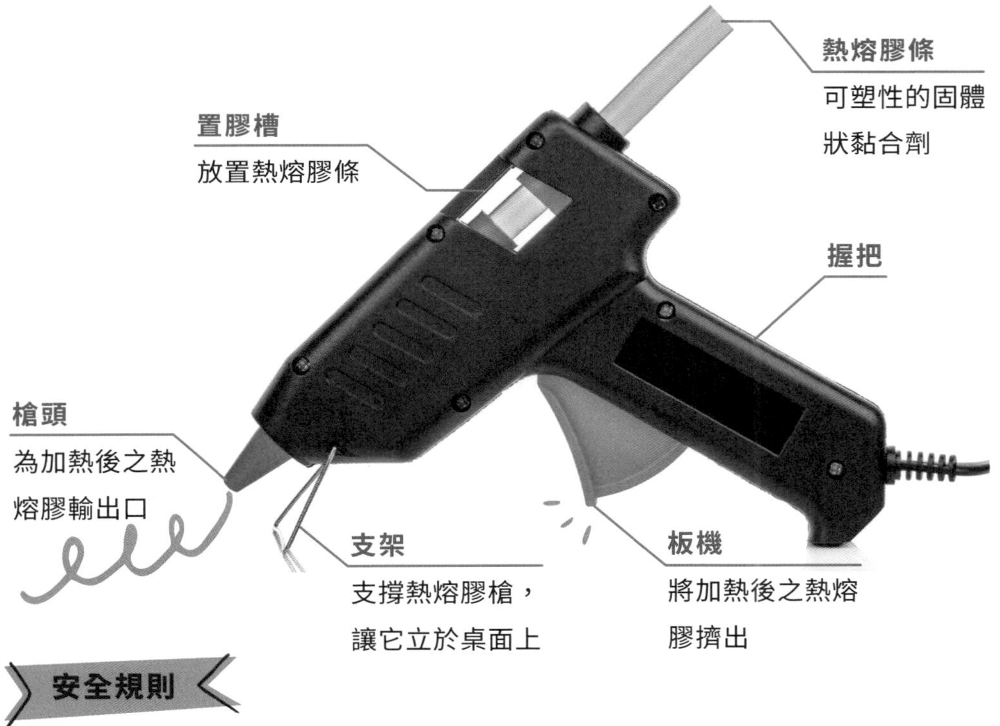

安全規則

- 噴嘴及熔膠非常高溫(大約攝氏200度)，除握把外，禁止接觸其他部分。
- 若連續加熱超過15分鐘未使用，請切斷電源。
- 不可隨意拆卸及安裝其他電熱部分零件，否則會造成失靈問題產生。
- 請保持熱熔膠條表面乾淨，防止雜質堵住槍嘴。
- 請勿徒手觸摸熱熔膠槍的槍頭。

熱熔膠槍的使用

外型

熱熔膠槍的外型有很多種，最常見的是「槍」的外型，也有一些是「筆」的外型。推薦使用能**穩固站立**或在出膠口有**立架**的外型，除了預熱方便，也能不讓熔膠流出來。

溫度

120 度的低溫款，適合小朋友使用，燙傷風險低。

170 度的高溫款，能作用在玻璃或金屬材質上，高溫使凝固時間拉長，操作時不用擔心太快冷卻。

供電

插座式電源穩定安全，但作業範圍侷限。

充電／電池式，電源不穩定，作業時間短，但作業範圍不限，機動性高。

想要預熱時間短，可以選擇熱熔膠槍所需電力高的，所需電力越高，預熱時間越短。

膠條

有分直徑、長短與顏色，目前以 **7mm** 為主流，顏色多為乳白色，如果有需要裝飾或創作，也有多種顏色的膠條可以選擇。

木頭粗糙程度，是否
影響熱熔膠黏效果？
請參考影片

特色	生活妙用	清除	替代品
● 沾黏、凝固速度快 ● 耗量少、異味低 ● 修補、填充	● 黏在鞋子底部、碗盤底部、衣架，增加摩擦力 ● 黏在鎖孔處，可以拔出斷在鎖孔的鑰匙 ● 黏在門、櫥窗上，有防撞和消音作用	● 酒精 ● 風油精 ● 去光水 ● 吹風機加熱 ● 冰塊冰敷	● 泡棉膠 ● 雙面膠 ● 膠水 ● 白膠

Science

科學

- 熱熔膠的膠條進給為簡單機械原理運用。
- 熱熔膠主要為**熱塑性樹脂***或**熱塑性彈性體(TPE)**，具有熱熔冷固性質。
- 熱熔膠條常見的組成為基體樹脂、增黏劑、增塑劑、抗氧劑及填料等。
- 膠槍應用**電流熱效應***熔化膠條，以進行膠裝塗布作業。
- 熱熔膠能固定材料是因為膠與材料面之摩擦力作用。
- 熱熔膠容易因溫度、酸鹼、氧化等產生質變。
- 熱熔膠會有氣泡是因為製造時，夾帶環境中的水氣所致。
- 以相同力量擠壓熱熔膠條，其流出速率與洞口直徑呈反比。

***熱塑性樹脂**：物質加熱後呈流動性變形，冷卻後會硬化，且此過程可逆，能反覆進行。

***電流熱效應**：電流經過導體時電能轉化成熱能。

Technology

科技

- 熱熔膠搭配不同簡單機構，除了常見的熱熔膠槍外，也可用於大範圍塗布及膠裝書籍等。
- 熱熔膠搭配如鋰電池等蓄電設備，形成蓄電型熱熔膠槍，可於無法或不便提供電源處使用。
- 早期熱熔膠乾燥時間較長，近年來為求加工效率，則發展出快乾型膠條。

科學原理分析

Art
藝術

- 熱熔膠已被廣泛用於製作手工藝品。
- 熱熔膠條以生產多樣顏色，並被用以進行繪製藝術。
- 其他還有應用於水域或模型藝術展現，如海、河、湖等。

Engineering
工程

- 黏貼材料表面應作適當表面處理，如粗糙、除塵、增加接合面積等，以增加強度。
- 環境潮濕時使用熱熔膠，要注意儘量降低環境濕度、維持高溫、避免因膠量低中斷工作，塗膠時減少熱熔膠夾帶空氣的機會。

Mathematics
數學

- 應用熱熔膠固體與液體體積約略相等之性質，可以估算使用熱膠條量。
- 溫度有兩個單位，攝氏、華氏，得互相換算。

工具應用

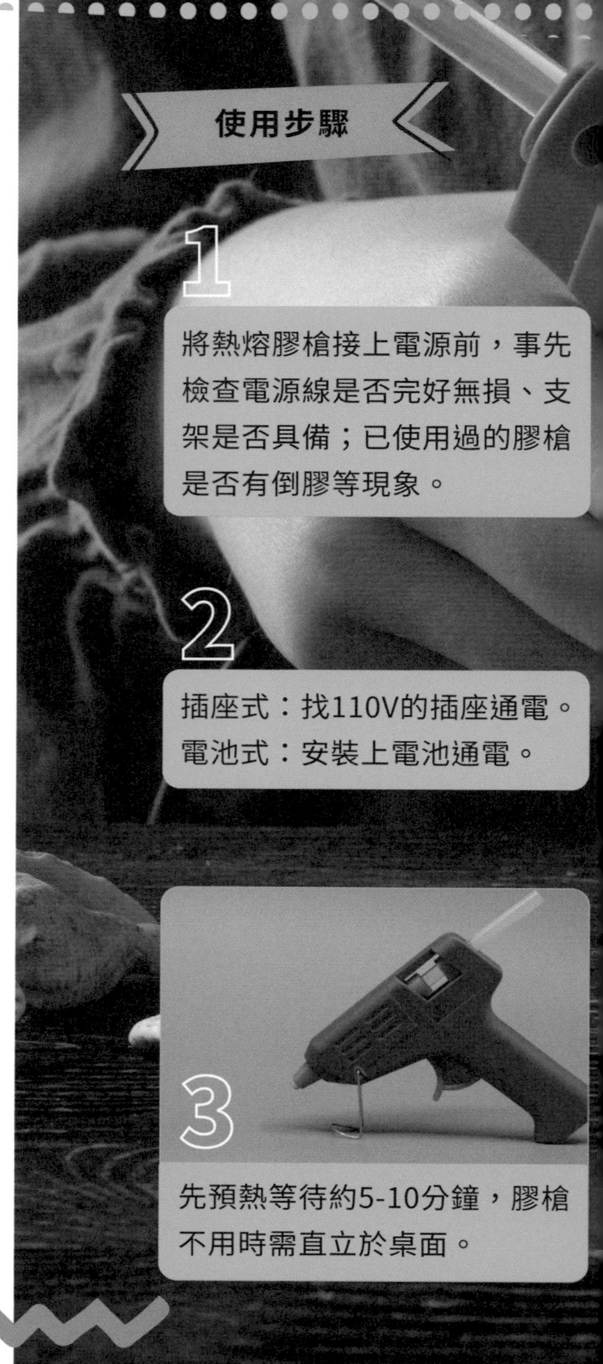

安裝說明

使用熱熔膠槍時，110V通電後等約 10 分鐘，將熱熔膠條放入置膠槽內，按壓板機數次，槍頭出現已液狀熱熔膠，即可使用。

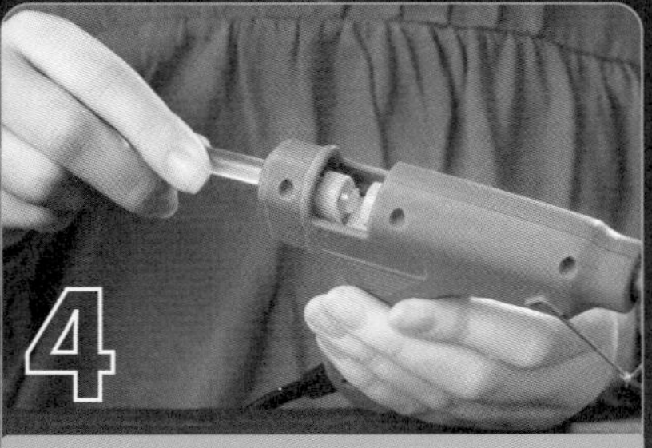

4

安裝上熱熔膠條放入置膠槽內。

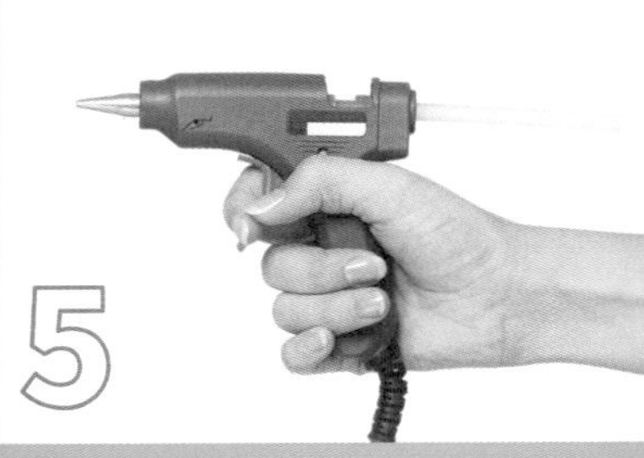

5

按壓板機數次。

6

槍頭出現已液狀熱熔膠。

7

對準所要黏合的目標，即可扣板機。

怎樣的速度與力道能避免過多的殘膠？請參考影片

8

使用完畢膠槍後，等膠條冷卻硬化，卸載膠條。

FINISH!

百變怪熱熔膠

學會熱熔膠槍的構造、特色、使用方式與安全事項，在家也可以使用熱熔膠槍來做其他有趣的工藝品像是立體鞋子、盒子、手機殼；加上顏色、亮片和各種裝飾物，還能使用熱熔膠做出耳飾、戒指、頭繩等，熱熔膠如同百變怪一樣，能塑型成各種形狀，但熱熔膠還有一項妙用，你能猜到嗎？

手作時間：腳底密碼

在揭密之前，我們先來觀察看看下面這兩個鞋印的差異

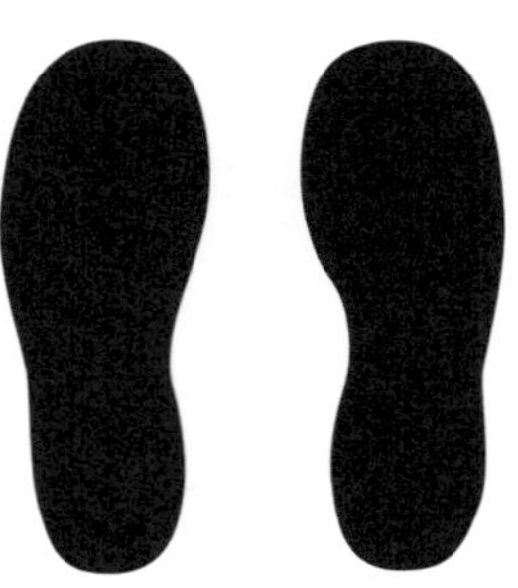

左邊的鞋印充滿紋路，右邊的鞋印完全沒有紋路，下雨天穿著右邊的鞋子會比左邊的鞋子還來得更容易滑倒，這是因為鞋底沒有紋路，缺少摩擦力，通常每雙鞋子的底部都會有紋路，紋路是為了適應不同地形，增加接受面積，這樣在受力時才能提高摩擦力，走路時不會因為地面的濕滑降低摩擦力而跌倒。

摩擦力 是為存在兩個或多個接觸面上阻止物體彼此間發生滑動，可以發生在固體、流體或材料分子間。

鞋底沒有紋路的煩惱，可以靠熱熔膠來解決，熱熔膠的特性為容易塑形，乾了之後也不容易脫落，可以將熱熔膠黏在鞋底，替代原本鞋底的紋路，增加摩擦力。

也可以發揮創意，將鞋底紋路加上自己的小巧思，成為有趣的腳底密碼，踏在沙灘上能看到可愛的圖案或文字。

除了鞋底，你覺得還有哪些物品也會需要摩擦力的保護呢？試著用熱熔膠為它們加上摩擦力吧！

動腦時間！：塑形

熱熔膠有黏著功能，也有固化後賦予物體的摩擦力效用，而熱熔膠液化到固化之間，給予使用者進行塑形的充足時間，只要掌握塑形的技巧，一條單調的熱熔膠條也能成為電話線圈、模型火焰特效、水母吊飾、花朵裝飾等。

觀察看看，下圖蜿蜒的線圈，它的外型是怎麼形成的？

觀察後能看到線圈中間是鏤空的，並不斷重複繞圈。如果用熱熔膠塑形成此線圈的樣子，我們能怎麼做？

線圈中間鏤空處是很好的突破口，可以先嘗試將手邊的工具塞入鏤空的地方觀察形狀是否吻合，下面以橡皮擦與鉛筆為例。

橡皮擦？大小可以放入，但四角形的橡皮擦無法吻合遮進的圓形，依橡皮擦外形繞出來做成的形狀會很端正而非圓潤。

鉛筆？大小可以放入，且圓柱體的外形可以吻合線圈的圓形，依鉛筆外形繞出來的形狀與線圈相似。

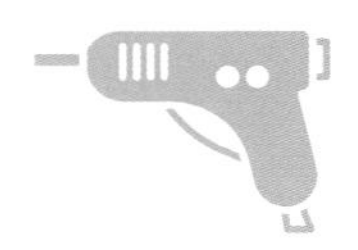

熱熔膠的塑形能力，連模型用的特效火焰都可以做出來！從圖片能觀察出火焰組成有橘和黃色，且是四散並成包圍形態。

我們能在矽膠墊上勾勒火焰形狀，並加以上色（能先使用黃色熱熔膠做底色，再以橘色顏料上色），塑形好的火焰特效可以黏在底板上，就是個實用的模型特效擺件了！

只要運用得當，你也可以用熱熔膠做出帥氣的光波特效，也可以將熱熔膠塑形成美麗的花朵或是帥氣的恐龍造型，挖掘熱熔膠更多的可能性！

Maker Tools 首部曲：創意工具箱 / 目川文化編輯小組作 .
-- 初版 . -- 桃園市：目川文化數位股份有限公司 . 2022.08
116 面 ;17x21 公分
ISBN 978-626-95946-5-8（平裝）

1.CST：手工具 2.CST：通俗作品

446.842　　111009317

Maker Tools 首部曲：創意工具箱

作　　者：目川文化
責任編輯：蔡晏姍、陳怡潔、陳照宇
美術設計：江昀融
策　　劃：目川文化編輯小組
顧問總召：洪榮昭
審　　稿：張玉山、何慧瑩
出版發行：目川文化數位股份有限公司
總 經 理：陳世芳
總 編 輯：林筱恬
美編指導：巫武茂
發行業務：劉曉珍
法律顧問：元大法律事務所 黃俊雄律師
地　　址：桃園市中壢區文發路 365 號 13 樓
電　　話：(03) 287-1448
傳　　真：(03) 287-0486
電子信箱：service@kidsworld123.com
網路商店：www.kidsworld123.com
粉 絲 頁：FB「目川文化」
印刷製版：長榮彩色印刷有限公司
總 經 銷：聯合發行股份有限公司
地　　址：新北市新店區寶橋路 235 巷 6 弄 6 號 4 樓
電　　話：(02) 2917-8022
出版日期：2022 年 8 月（初版）
I S B N：9786269594658
書　　號：MTSA0001
定　　價：499 元